愉快學寫字 11

寫字和識字：部首、偏旁

新雅文化事業有限公司
www.sunya.com.hk

有了《愉快學寫字》，幼兒從此愛寫字
——給家長和教師的使用指引

《愉快學寫字》叢書是專為**訓練幼兒的書寫能力、培養其良好的語文基礎**而編寫的語文學習教材套，由幼兒語文教育專家精心設計，參考香港及內地學前語文教育指引而編寫。

叢書共 12 冊，內容由淺入深，分三階段進行：

	書名及學習內容	適用年齡	學習目標
第一階段	《愉快學寫字》1-4 （寫前練習 4 冊）	3 歲至 4 歲	- 訓練手眼協調及小肌肉。 - 筆畫線條的基礎訓練。
第二階段	《愉快學寫字》5-8 （筆畫練習 2 冊） （寫字練習 2 冊）	4 歲至 5 歲	- 學習漢字的基本筆畫。 - 掌握漢字的筆順和結構。
第三階段	《愉快學寫字》9-12 **（寫字和識字 4 冊）**	5 歲至 7 歲	- 認識部首和偏旁，幫助查字典。 - 寫字和識字結合，鞏固語文基礎。

幼兒通過這 12 冊的系統訓練，已**學會漢字的基本筆畫、筆順、偏旁、部首、結構和漢字的演變規律，為快速識字、寫字、默寫、學查字典打下良好的語文基礎。**

叢書的內容編排既全面系統，又循序漸進，所設置的練習模式富有童趣，能令幼兒「愉快學寫字，從此愛寫字」。

第 9 至 12 冊「寫字和識字」內容簡介：

這 4 冊包括以下內容：

1. **部首和偏旁：**每冊有 20 個，由淺入深地編排。小朋友完成這 4 冊的練習，就學會了 80 個部首和偏旁，基本上掌握了漢字的結構和規律。
2. **範字：**參考香港教育局《香港小學學習字詞表》選編。
3. **有趣的漢字：**讓孩子在認識漢字演變的過程中，加深對這個漢字的理解，並起到舉一反三的作用，快速認識同類字詞。
4. **趣味練習：**加深孩子對這個部首和偏旁的理解及記憶。
5. **造句練習：**讓孩子掌握文字的運用。
6. **部首複習：**利用多種有趣的語文遊戲方式，鞏固孩子所學內容。

孩子書寫時要注意的事項：

1. 把筆放在孩子容易拿取的容器，桌面要有充足的書寫空間及擺放書寫工具的地方，保持桌面整潔，培養良好的書寫習慣。
2. 光線要充足，並留意光線的方向會否在紙上造成陰影。例如：若小朋友用右手執筆，枱燈便應該放在桌子的左邊。
3. 坐姿要正確，眼睛與桌面要保持適當的距離，以免造成駝背或近視。
4. 3-4 歲的孩子小肌肉未完全發展，**可使用粗蠟筆、筆桿較粗的鉛筆，或三角鉛筆**。
5. 不必急着要孩子「畫得好」、「寫得對」，重要的是讓孩子畫得開心和享受寫字活動的樂趣。

正確執筆的示範圖：

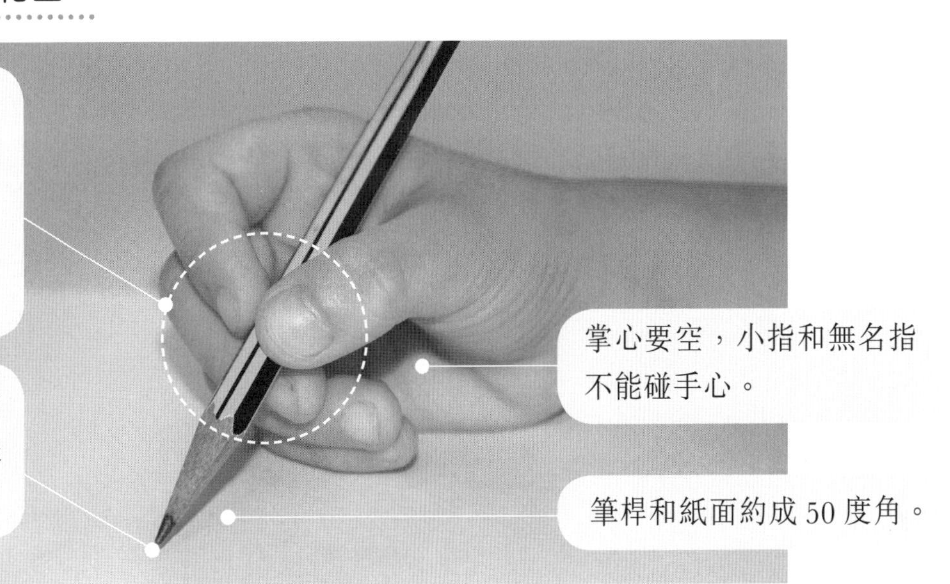

正確寫字姿勢的示範圖：

目錄

常用字與部首

部首	常用字
食（飠）	食 飯 飲 飼 飽 飾 餃 餅 養 餓 餐 館 餵 餡 餸 饑
魚	魚 魷 鮑 鮮 鯊 鯨 鱷
鳥	鳥 鴉 鴛 鴦 鴿 鴨 鵝 鷗 鷹
儿	元 兄 充 兇 光 先 克 免 兔 兒
冫	冬 冰 冷 凌 准
十	十 千 午 升 半 卉 卒 協 南
又	又 叉 友 反 及 取 叔 受 叢
子（孑）	子 孔 字 存 孤 季 孝 孩 孫 孵 學
寸	寸 寺 封 射 將 專 尊 尋 對 導
工	工 巨 巧 左 巫 差
弓	弓 引 弟 弧 弱 張 強 彈 彎
八（丷）	八 六 公 共 兵 具 其 典 兼
戈	成 戒 我 或 戚 戰 戴 戲
田	田 由 甲 申 男 界 畜 留 異 略 畢 畫 番 畸 當 疊
石	石 砌 砂 砍 破 硬 碰 碎 碗 碌 碟 碧 磅 確 磁 碼 磨 磚 礦
禾（禾）	禾 私 秀 科 秋 秒 秤 秧 租 秩 移 稍 程 稀 稚 種 稱 稻 積 穫 穩
立	立 站 童 端 競
耳	耳 聊 聆 聖 聞 聚 聲 聰 聯 職 聽 聾
頁	頁 頂 項 順 須 預 頑 頓 頒 頌 領 頭 顆 額 顏 題 類 願 顧 顯
彳	往 很 待 律 徒 徑 後 得 從 復 微 德

注：本字表的常用字是參考香港教育局《香港小學學習字詞表》的第一學習階段而列舉。

部首：食（飠）

有趣的漢字：食

「食」字作偏旁時，一般寫成「飠」。

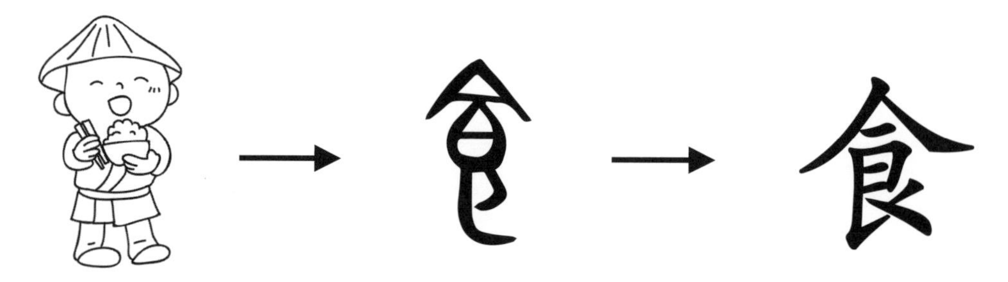

把部首是食的字圈出來。

1\.

米飯

2\.

飲品

3\.

餃子

4\.

餅乾

答案：1. 飯；2. 飲；3. 餃；4. 餅

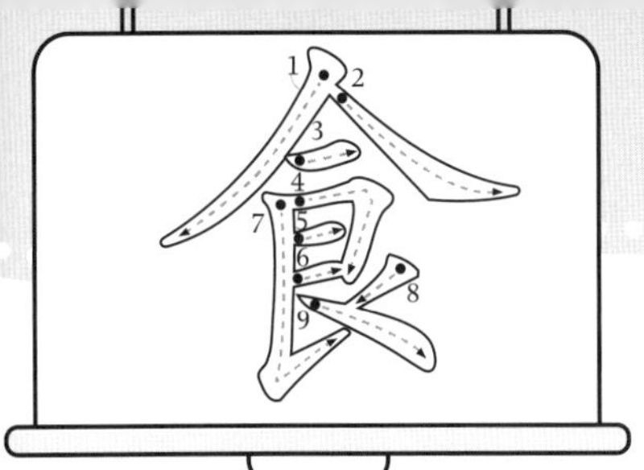

食字旁

筆順： 九畫

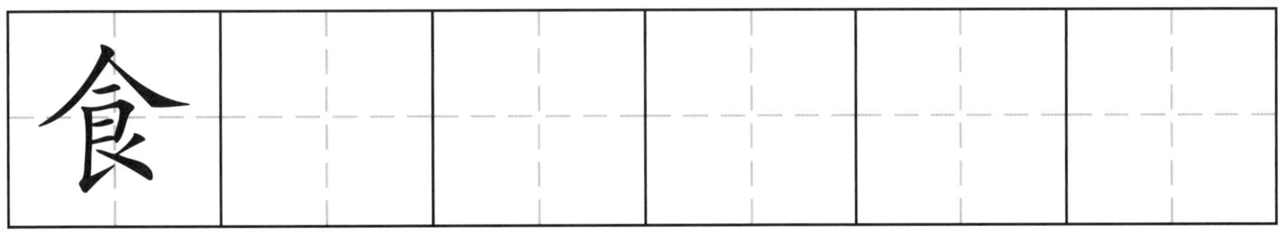

造句練習：

我們要注意飲 ____ 衛生，吃東西前要洗手。

筆順： 十二畫

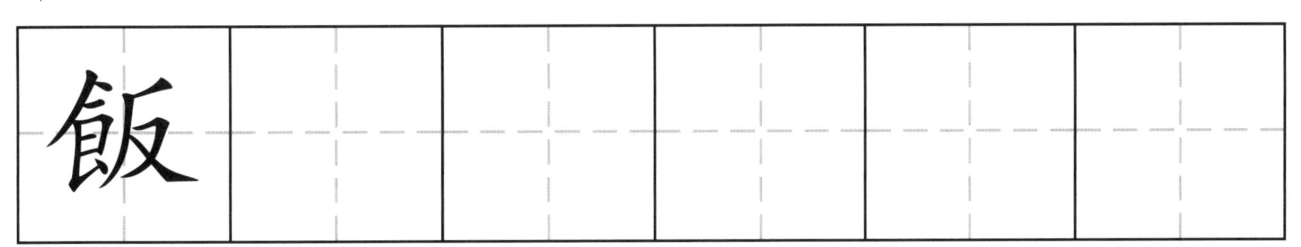

造句練習：

我最愛吃日式 ____ 團。

筆順： 十四畫

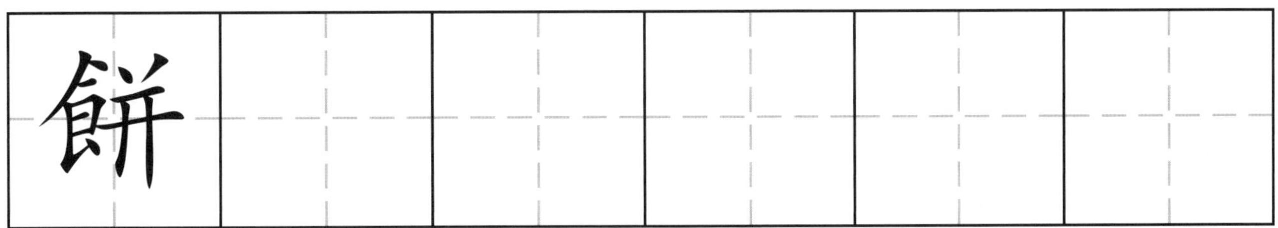

造句練習：

中秋節，吃月 ____ ，玩花燈。

部首：魚

有趣的漢字：魚

把部首是魚的字填上橙色。

1.

2.

3.

4.

答案：1. 鮮；2. 鯉魚；3. 鯨魚；4. 鱷魚

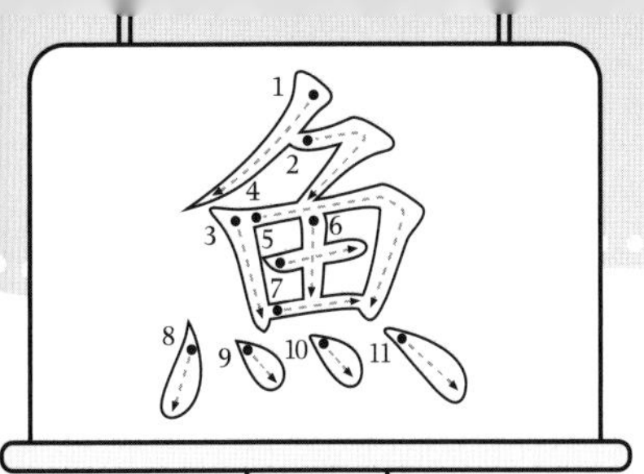

魚字旁

筆順：　　　　　　　　　　　　十一畫

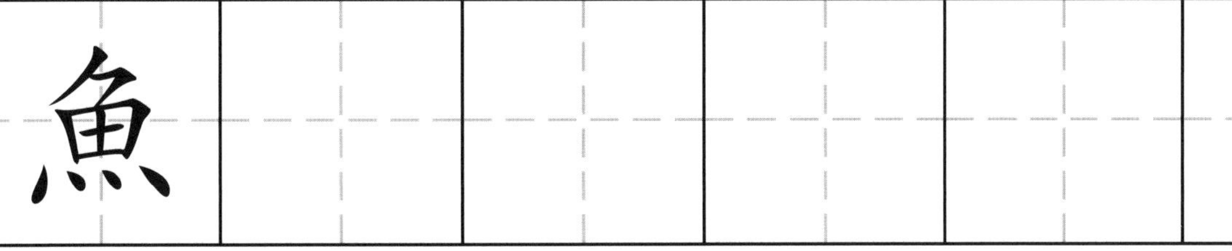

造句練習：

池塘裏有許多鯉＿＿＿。

筆順：　　　　　　　　　　　　十七畫

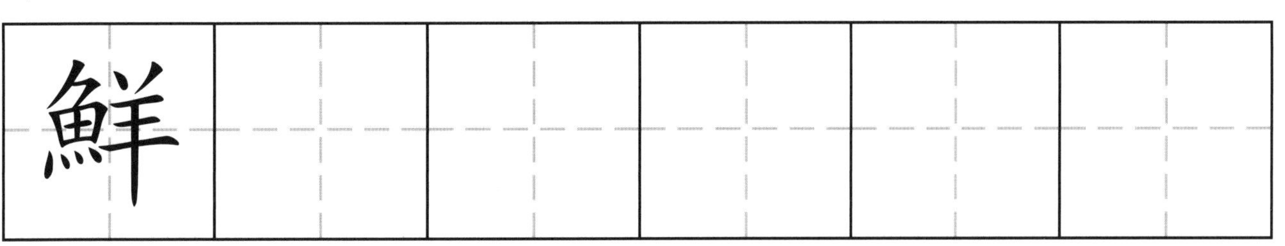

造句練習：

爸爸最喜歡吃海＿＿＿。

筆順：　　　　　　　　　　　　十九畫

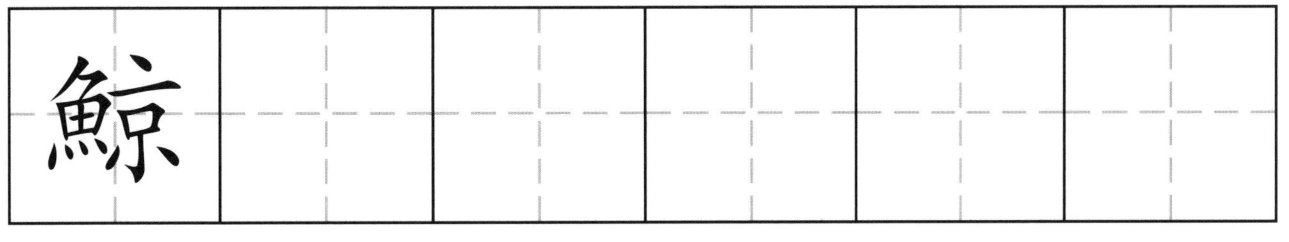

造句練習：

＿＿＿魚是海洋中最大的動物。

有趣的漢字：鳥

把相配的圖和字用線連起來。

例：鴕鳥 • —— • b.

1. 白鴿 •
2. 鴨子 •
3. 天鵝 •
4. 鸚鵡 •

• a.

• b.

• c.

• d.

• e.

答案：1.a；2.e；3.c；4.d

鳥字旁

筆順：鳥　十一畫

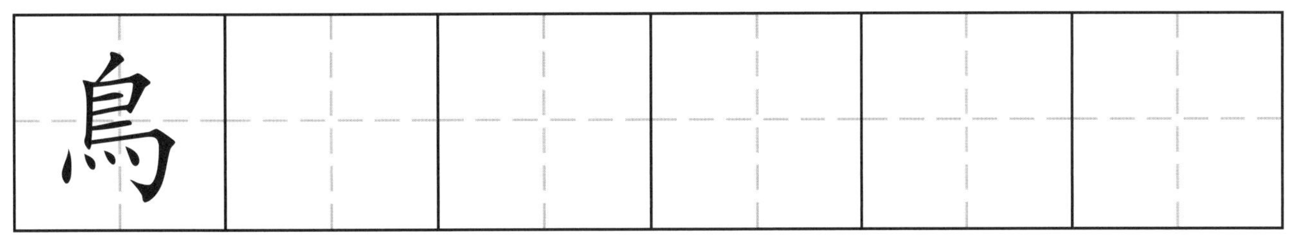

造句練習：

老師帶我們到雀 _____ 園參觀。

筆順：鴨　十六畫

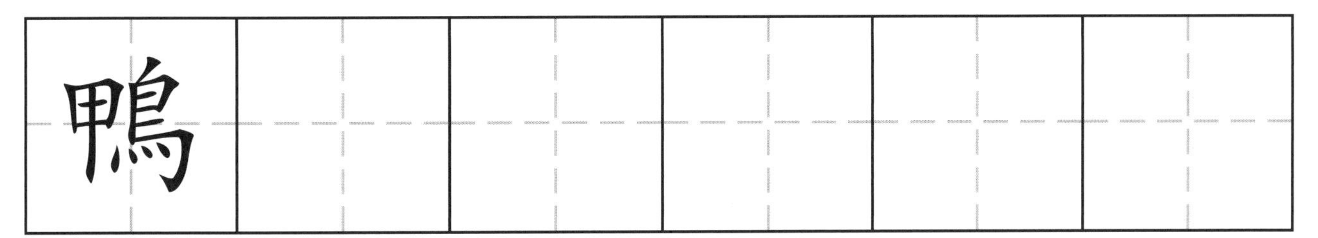

造句練習：

小 _____ 子在池塘裏游來游去。

筆順：鵝　十八畫

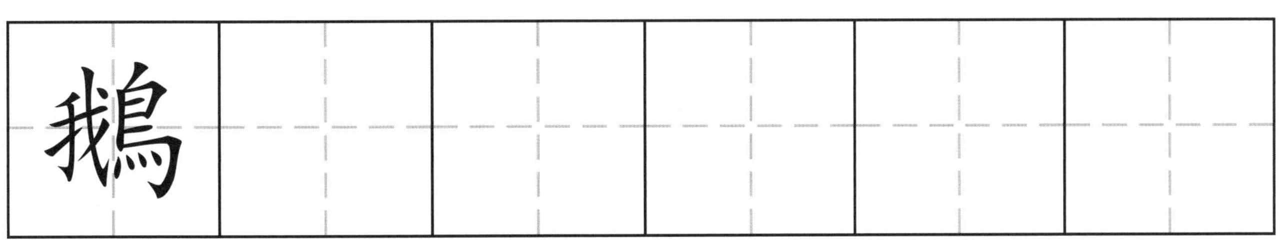

造句練習：

看，這隻白天 _____ 真漂亮！

部首：儿　粵音：人

有趣的漢字：儿

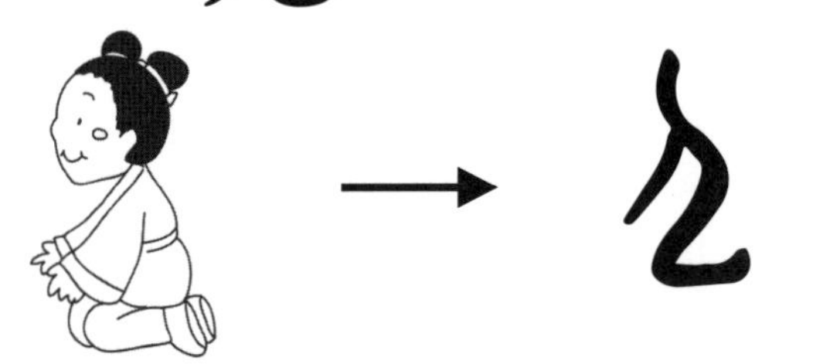

請寫上缺少的部首儿。

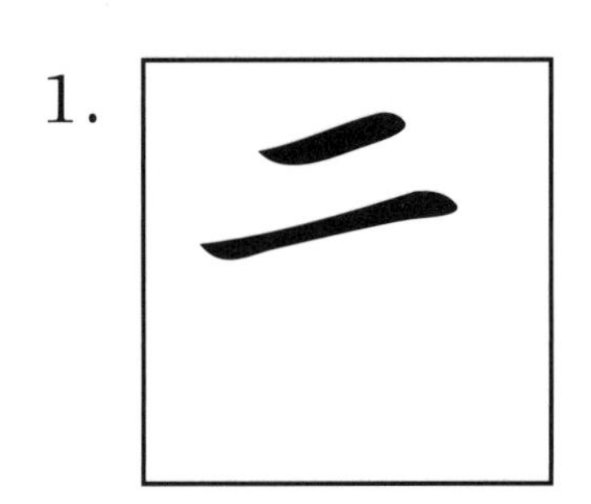

1. 二

2. 生

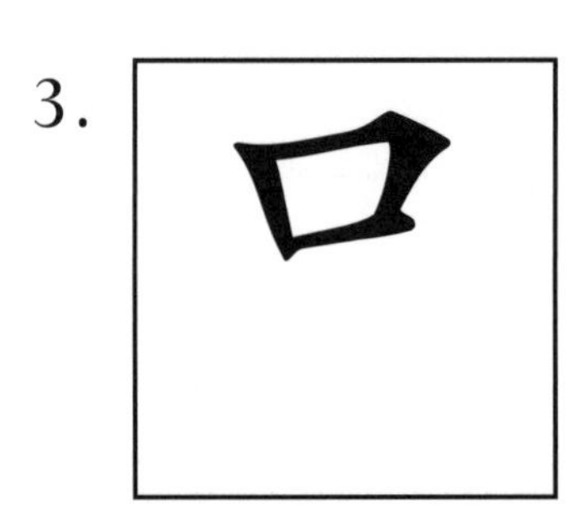

3. 口

4. 免

5. 业

6. 臼

答案：1. 元；2. 先；3. 兄；4. 兔；5. 光；6. 兒

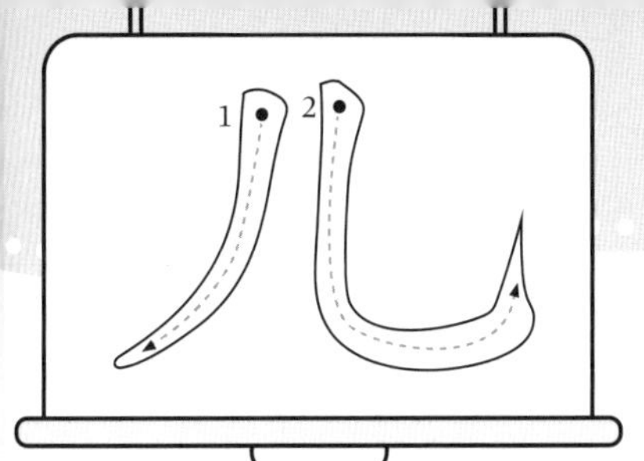

儿字部

筆順：丶 ㇇ 口 尸 兄　　五畫

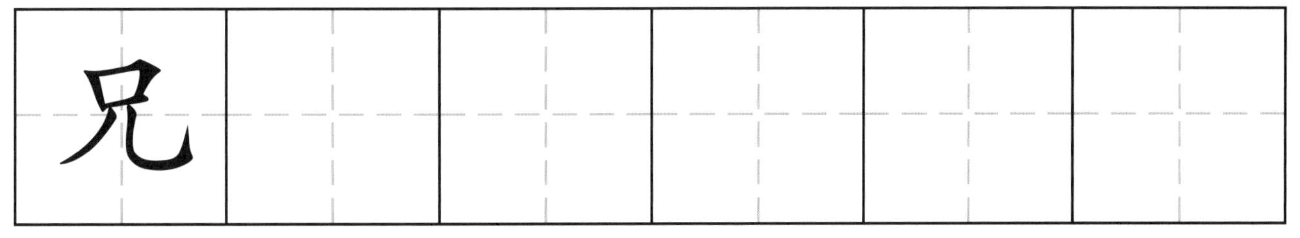

造句練習：

_____弟姊妹間要相親相愛。

筆順：丨 丨 业 业 光 光　　六畫

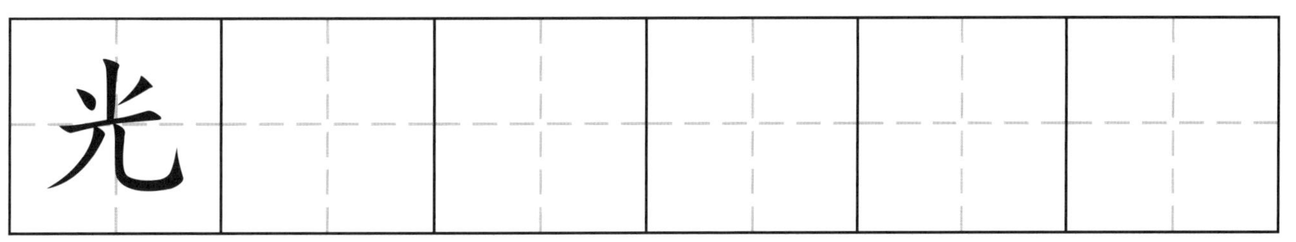

造句練習：

看書的時候，要有充足的 _____ 線。

筆順：丿 亻 𠂇 𠂉 𦣻 臼 臼 兒　　八畫

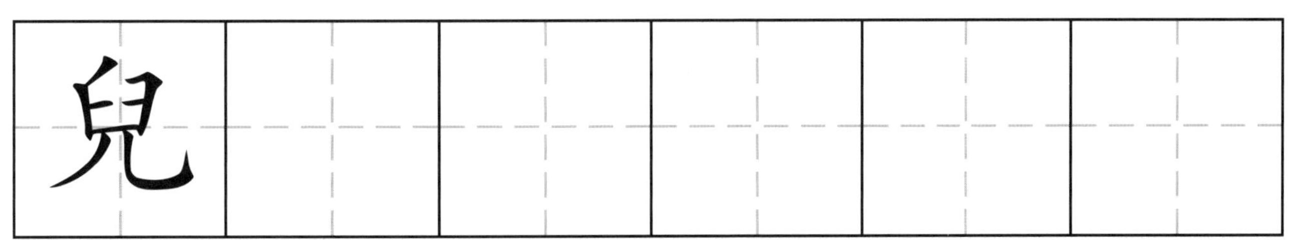

造句練習：

我們在 _____ 童遊樂場裏玩耍。

部首：冫 粵音：冰

有趣的漢字：冫

→  → 

分辨部首——把下列各字連線至所屬的部首。

1. 冬 •
2. 涼 •
3. 冷 •
4. 海 •

冫

水

• 5. 冰
• 6. 清
• 7. 凍
• 8. 河

答案：冫：1、3、5、7；水：2、4、6、8

筆順：丿 ク 夂 冬 冬　　五畫

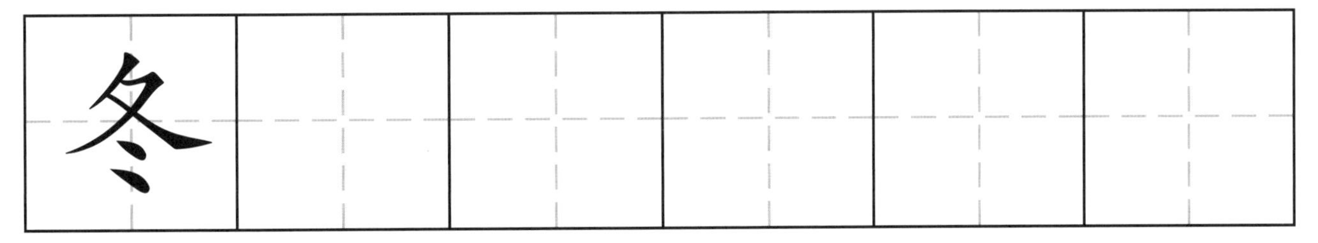

造句練習：

青蛙是一種 _____ 眠的動物。

筆順：丶 冫 冫 冫 冰 冰　　六畫

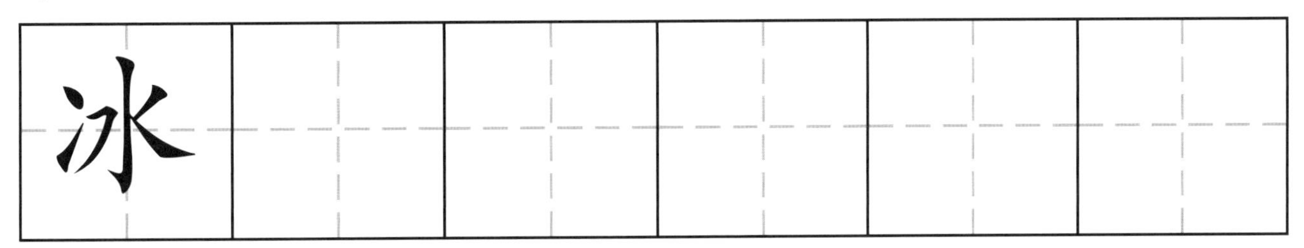

造句練習：

我喜歡吃 _____ 淇淋。

筆順：丶 冫 冫 冫 冫 冷 冷　　七畫

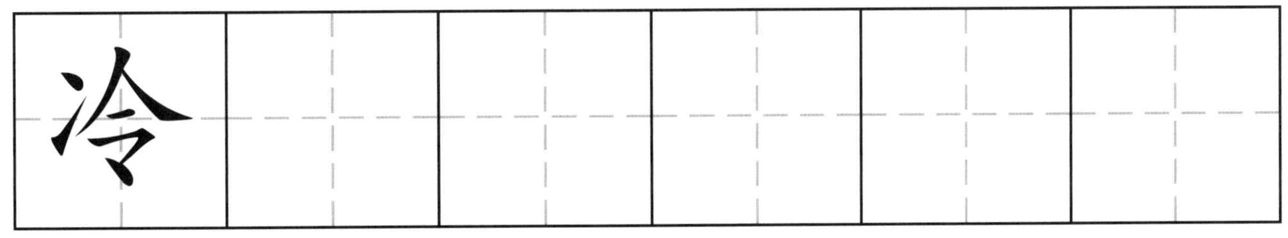

造句練習：

冬天來了，天氣寒 _____ 。

有趣的漢字： 十

把部首十填上黃色。

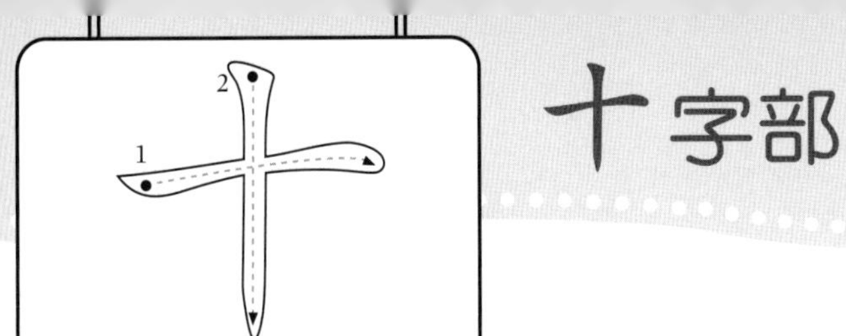

十字部

筆順：丿 𠂉 𠂆 午　　　　四畫

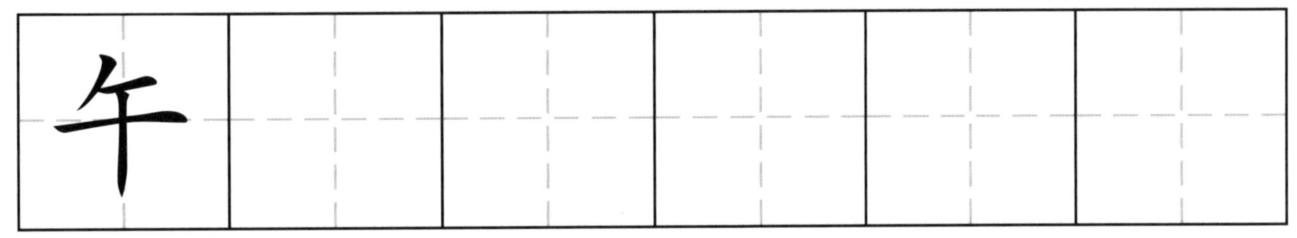

造句練習：

我吃過 _____ 飯後，便開始做功課。

筆順：丿 二 升 升　　　　四畫

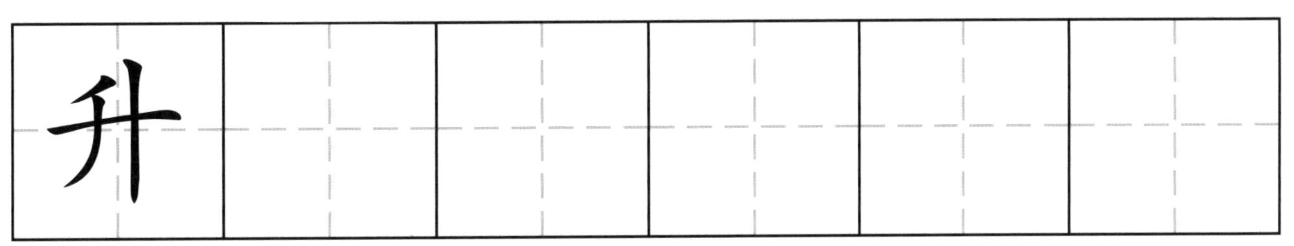

造句練習：

今年九月我便會 _____ 讀小學一年級。

筆順：丶 丷 𢀖 兰 半　　　　五畫

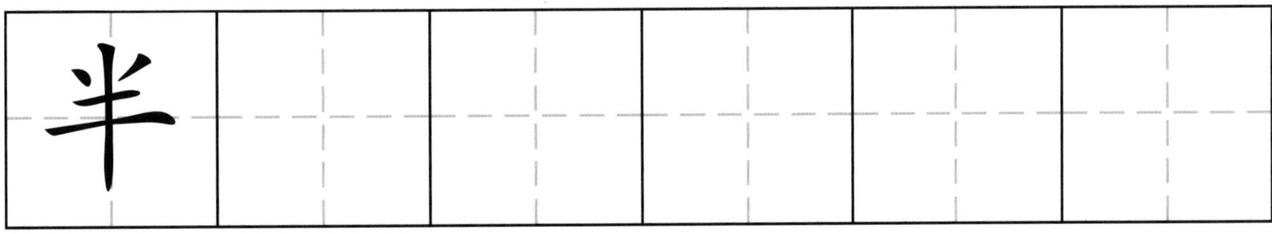

造句練習：

我把蛋糕分了一 _____ 給小玲。

部首：又

有趣的漢字：　又

看圖猜字——把相配的圖和字連起來。

1. 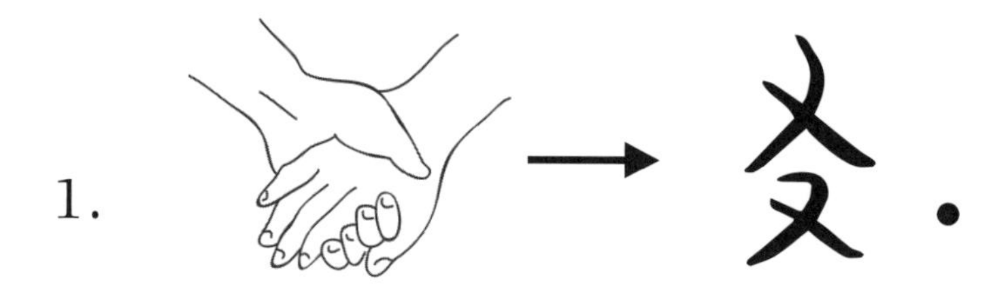

2. 

3. 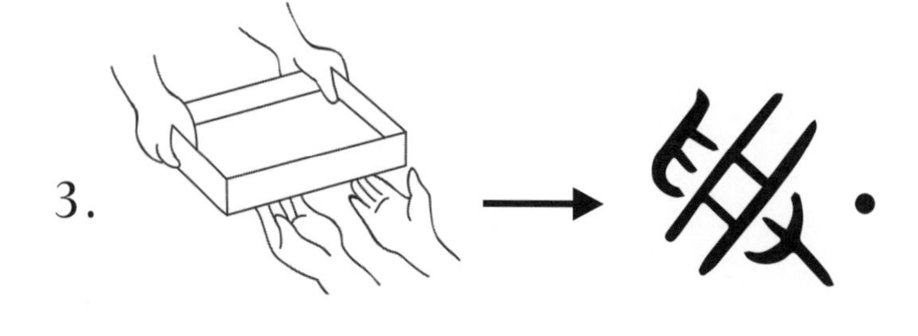

a. 受

b. 友

c. 及

注：「及」是「追上了」、「找到了」的意思。

答案：1.b；2.c；3.a

又字部

筆順：一 ナ 方 友　　四畫

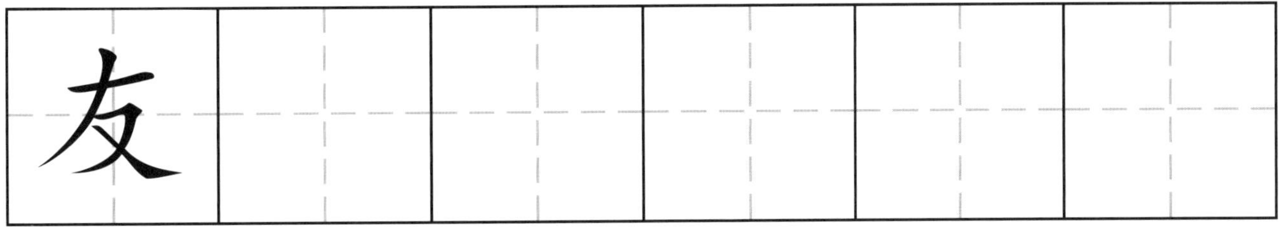

造句練習：

小美是我的好朋 ____ 。

筆順：一 厂 丌 丌 月 耳 耳 取　　八畫

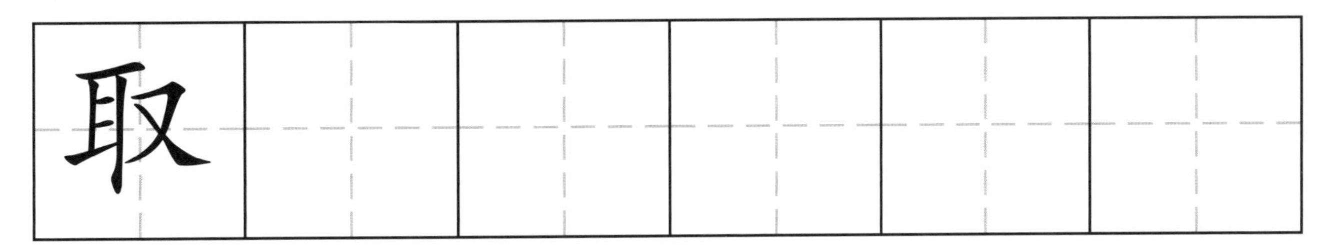

造句練習：

因下雨關係，今天的旅行 ____ 消。

筆順：丨 卜 上 丰 𠀎 尗 尗 叔　　八畫

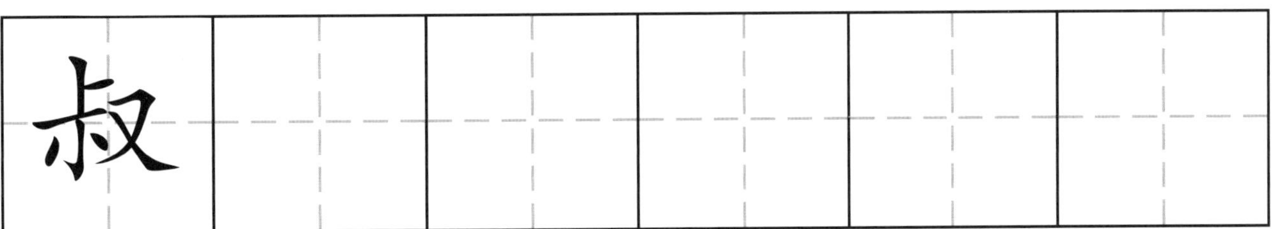

造句練習：

我 ____ ____ 是個消防員。

有趣的漢字：子

「子」字作偏旁時，一般寫成「子」。

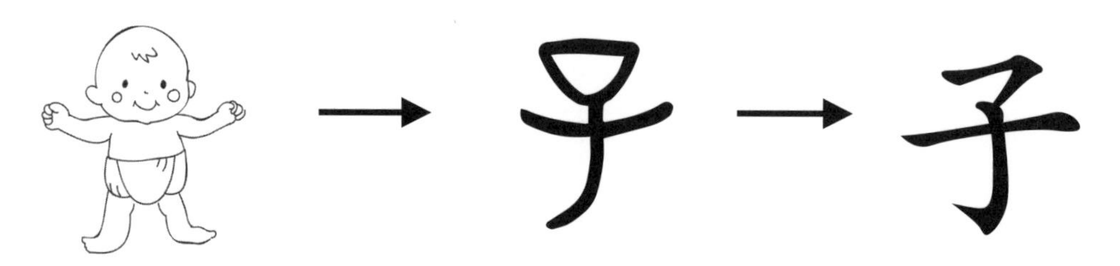

在適當的位置，寫上部首子。

1.

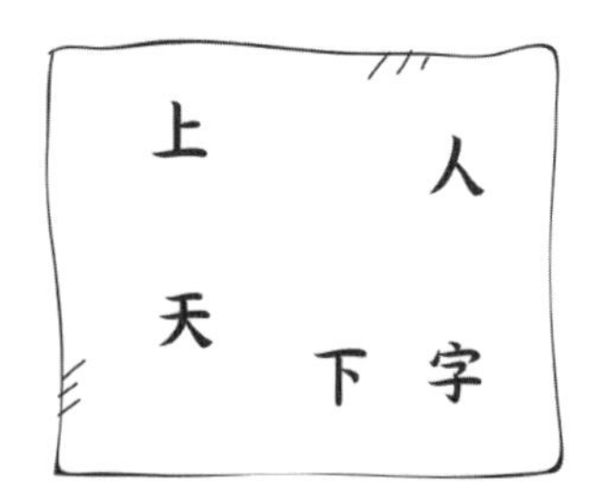

文　宀

2.

𦥯　生

3.

亥　子

4.

夏　禾

答案：1. 字；2. 學；3. 孩；4. 季

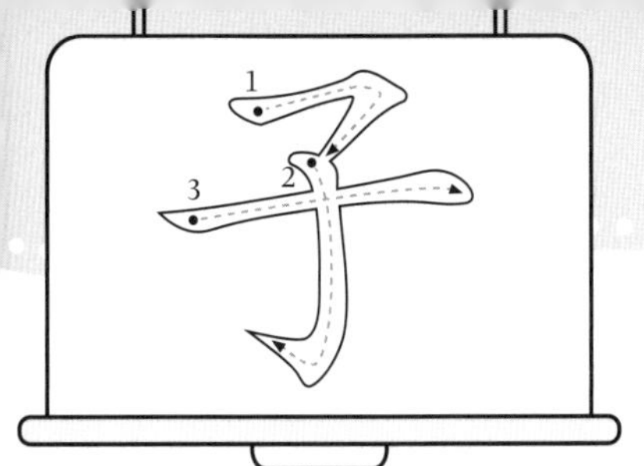
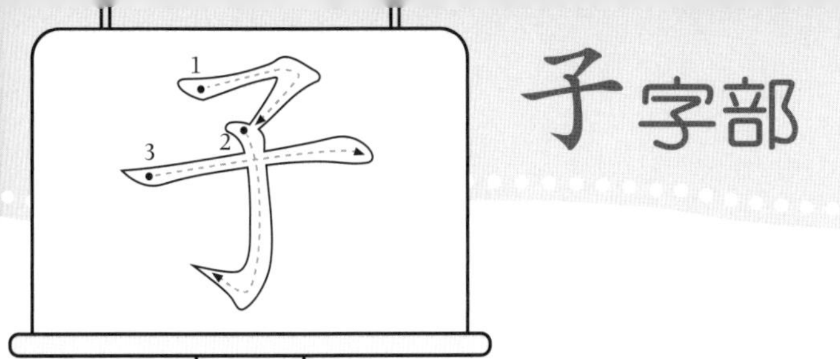

子字部

筆順：丶 丶丶 宀 宀 宁 字　六畫

造句練習：

寫 _____ 的時候，腰要挺直。

筆順：一 二 千 禾 禾 季 季 季　八畫

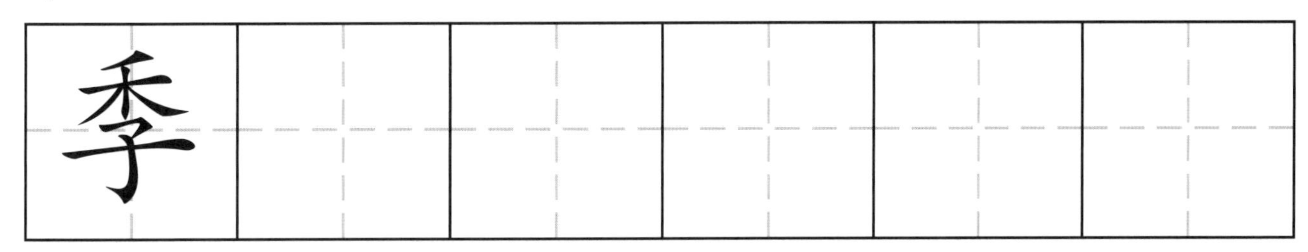

造句練習：

一年分為春、夏、秋、冬四 _____ 。

筆順：十六畫

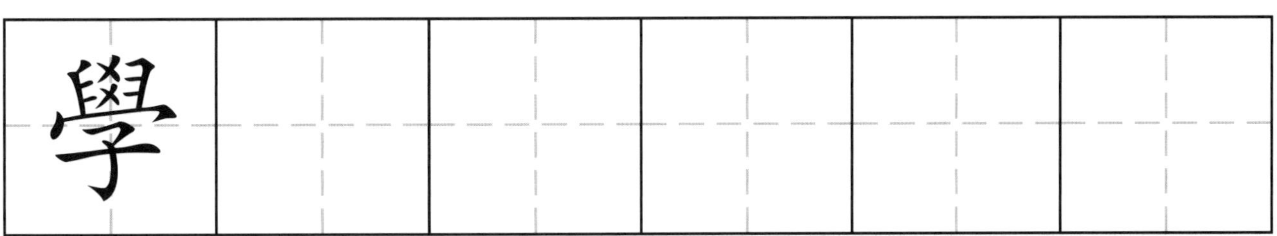

造句練習：

我們 _____ 校有一個很大的操場。

部首：寸

有趣的漢字：寸

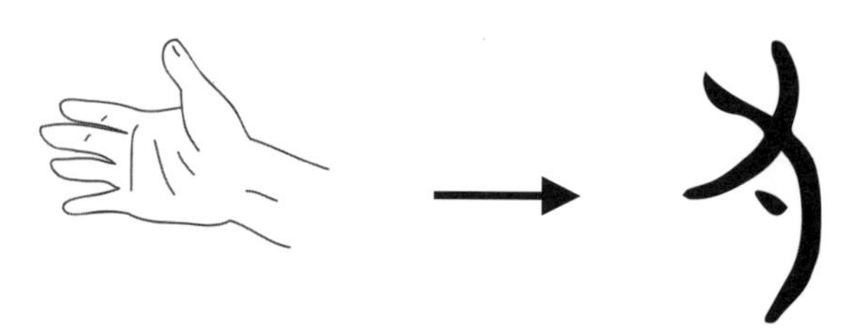

圈出部首是寸的字。

1.

佛寺

2.

射箭

3.

將軍

4.

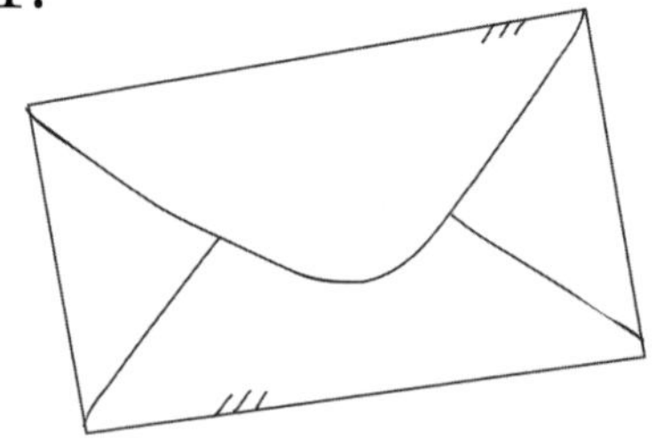

信封

答案：1. 寺；2. 射；3. 將；4. 封

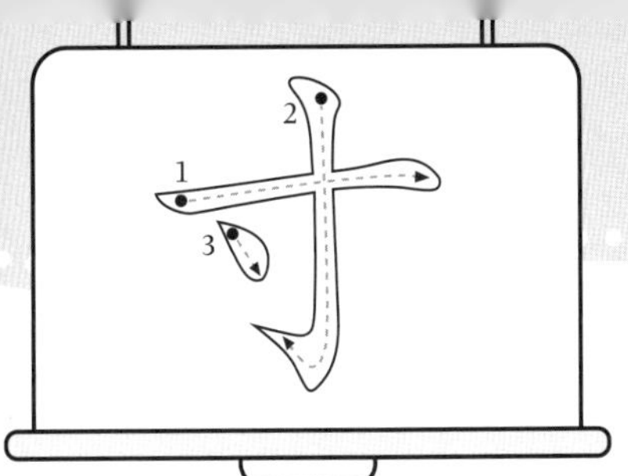

寸字旁

筆順：一 十 土 圭 圭 圭 圭 封 封　　九畫

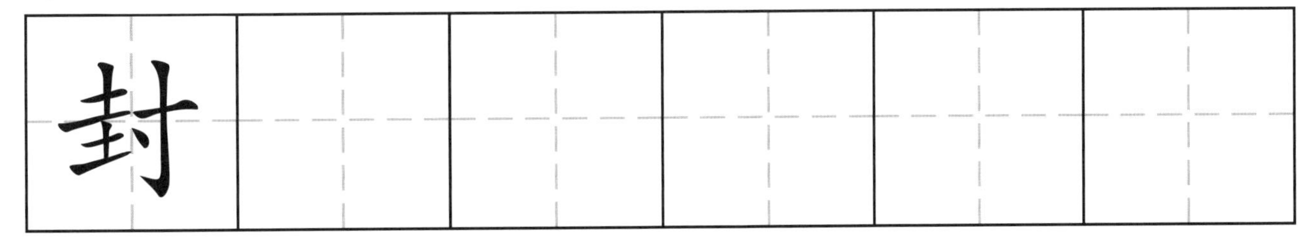

造句練習：

請你給我一個信 ＿＿＿ 。

筆順：丿 亻 门 门 自 自 身 身 射 射　　十畫

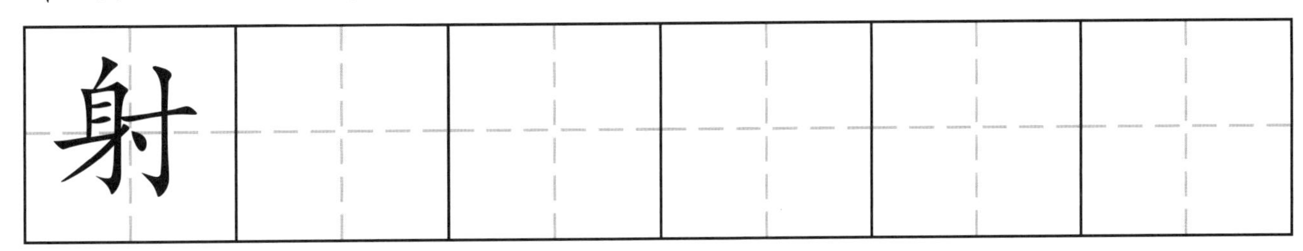

造句練習：

他爸爸是一個 ＿＿＿ 箭運動員。

筆順：丨 丨丨 业 业 业 业 业 业 丵 丵 丵 丵 對 對　　十四畫

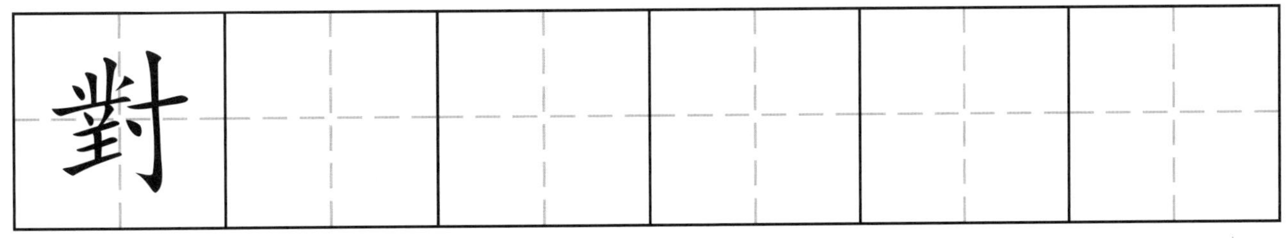

造句練習：

這條問題答 ＿＿＿ 了。

有趣的漢字：工

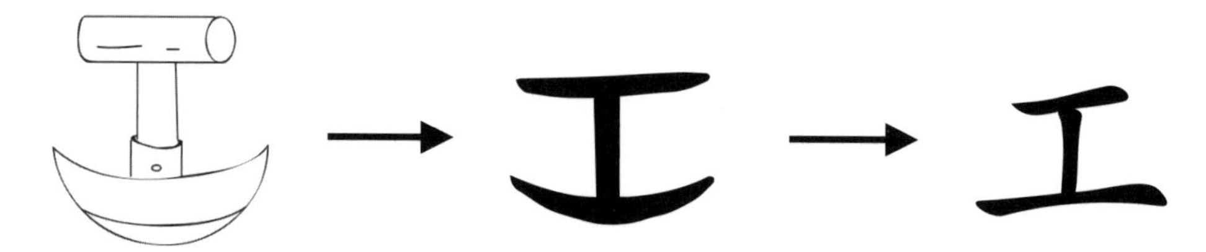

分辨部首——把下列各字連線至所屬的部首。

1. 巧 •
2. 地 •
3. 左 •
4. 去 •

工

土

• 5. 巫
• 6. 在
• 7. 差
• 8. 坐

答案：工：1、3、5、7；土：2、4、6、8

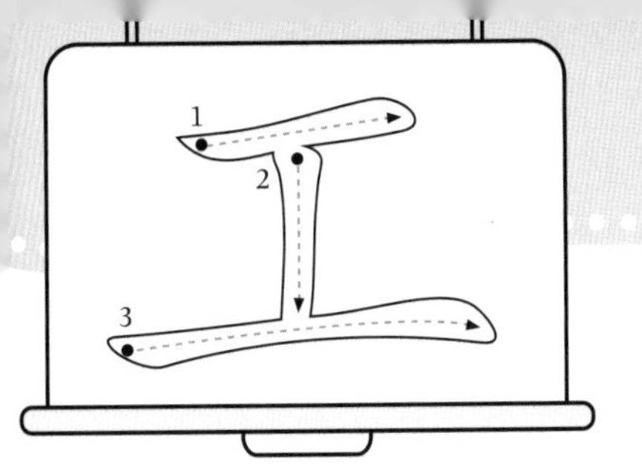

工字部

筆順：一 ナ 𠂇 𠂇 左　　　　五畫

造句練習：

這個小朋友 _____ 手拿着叉。

筆順：一 丅 工 工 巧　　　　五畫

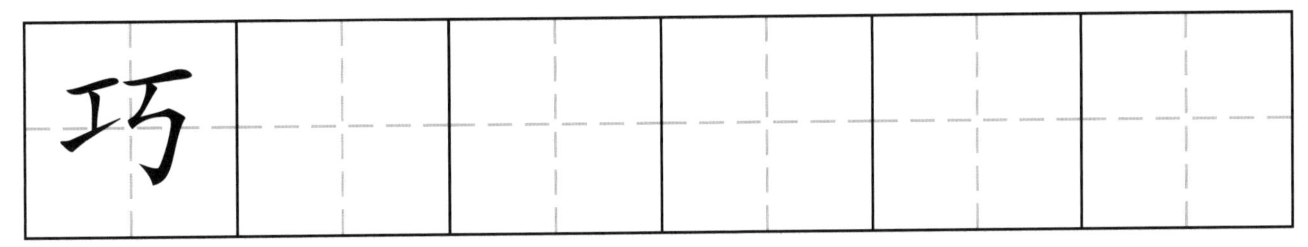

造句練習：

妹妹很喜歡吃 _____ 克力。

筆順：丶 丷 䒑 䒑 羊 𦍌 差 差 差 差　　　　十畫

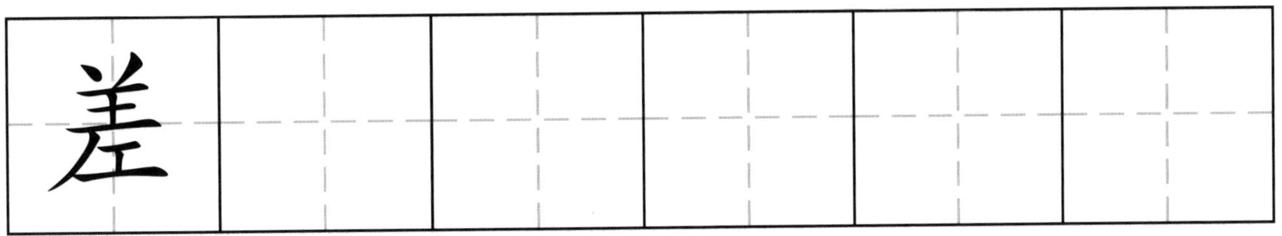

造句練習：

郵 _____ 的工作十分辛勞。

有趣的漢字：弓

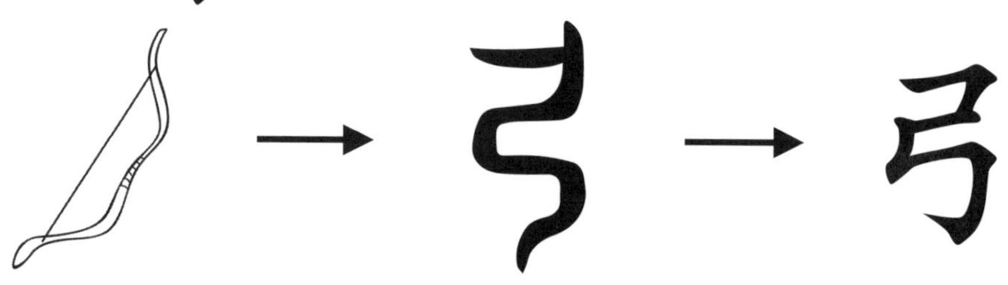

文字變法——在空格內填上正確的字。

3. 弓 + 虽 = ☐

4. 弓 + 單 = ☐

答案：1.弦；2.張；3.強；4.彈

筆順：丶 丷 䒑 䒑 弓 弔 弟　七畫

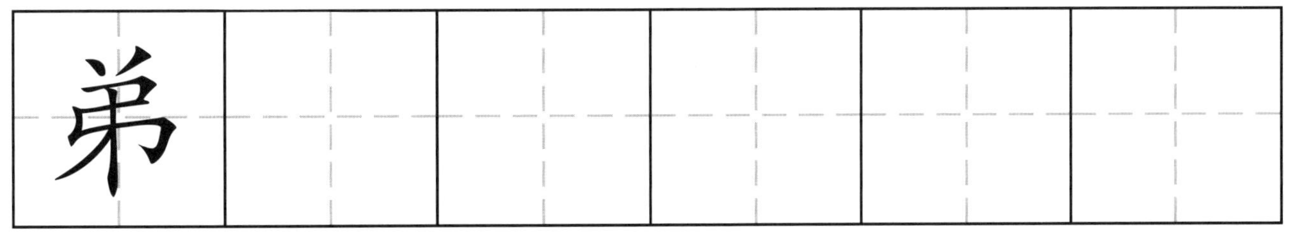

造句練習：

媽媽給我添了一個 ____ ____ 。

筆順：㇕ コ 弓 弓 弘 弘 弘 弘 弹 強 強　十一畫

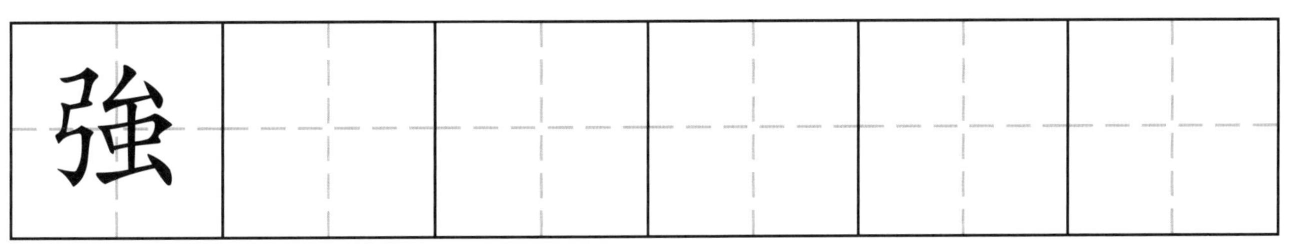

造句練習：

這匹馬十分 ____ 壯。

筆順：㇕ コ 弓 弓 弓 弓 弓 弓 弓 弓 弓 弓 彈 彈 彈　十五畫

造句練習：

姊姊喜歡 ____ 鋼琴。

有趣的漢字：八

「八」字作底部時，一般寫成「八」。

圈出部首是八的字。

1.

士兵

2.

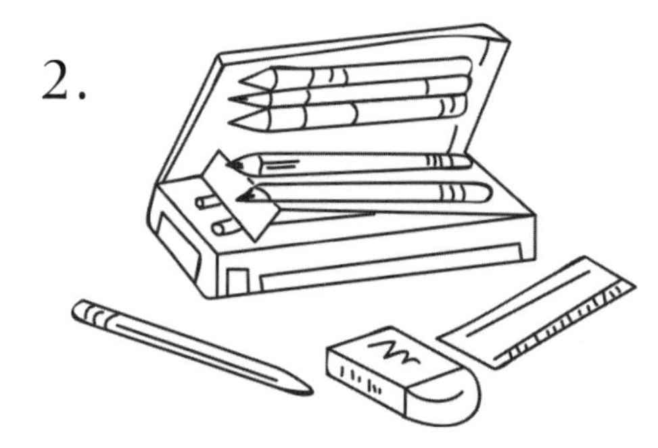

文具

3.

字典

4.

公園

答案：1.兵；2.具；3.典；4.公

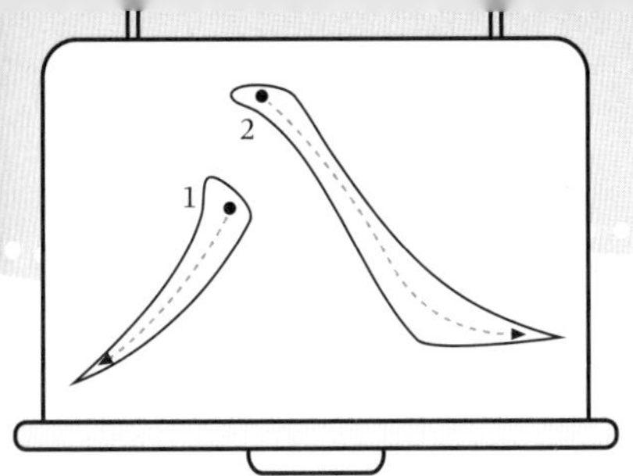

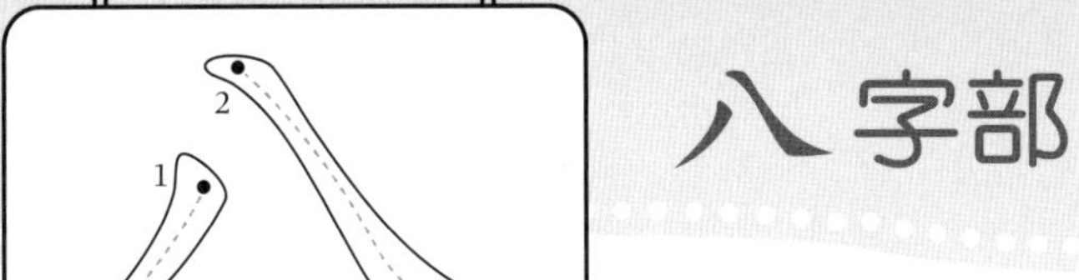

八字部

筆順：丿 八 公 公　　四畫

造句練習：

祖父每天到 ____ 園做早操。

筆順：一 十 廾 廾 共 共　　六畫

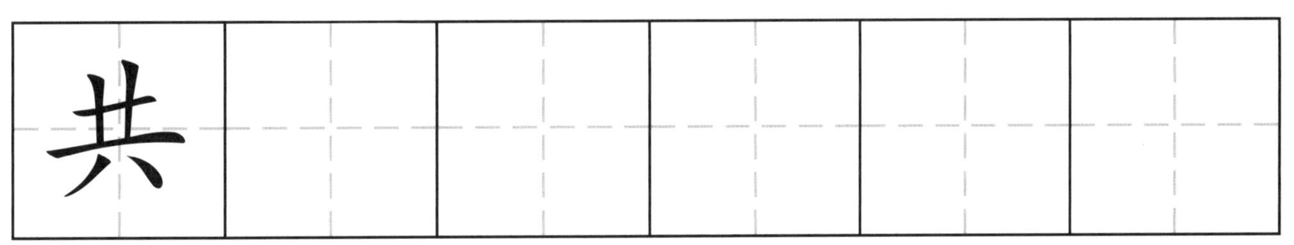

造句練習：

這是一所公 ____ 圖書館。

筆順：丨 冂 冃 月 目 且 具 具　　八畫

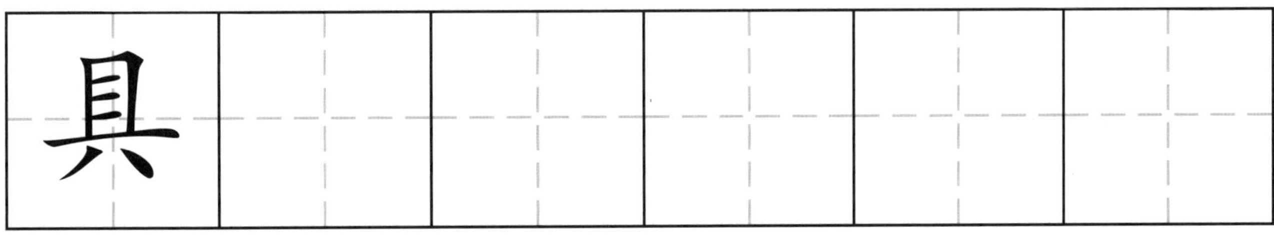

造句練習：

我把玩 ____ 放回箱子裏。

部首：戈

有趣的漢字：戈

圈出部首不是戈的字。

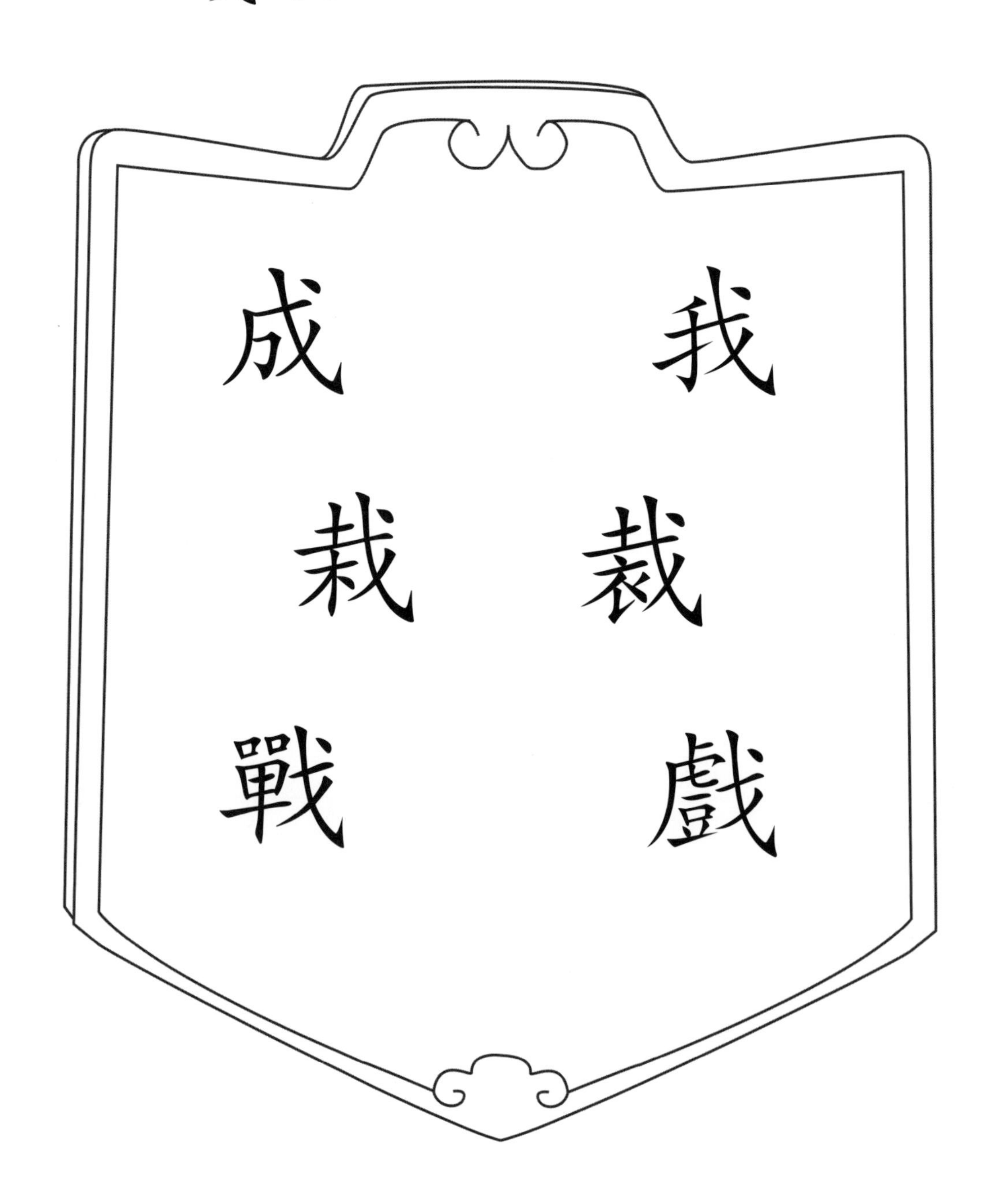

答案：栽、裁

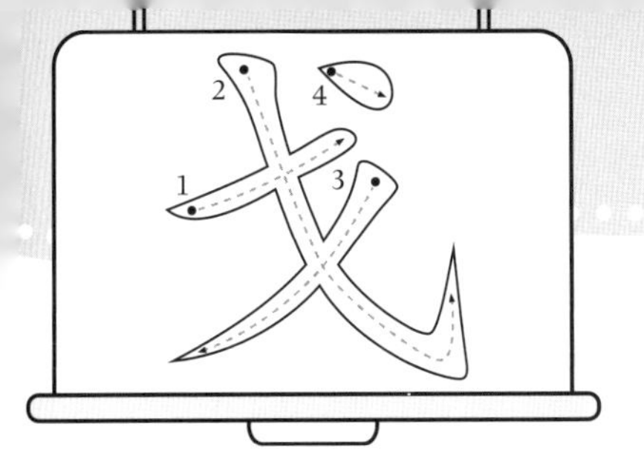

戈字部

筆順：一 厂 万 成 成 成　六畫

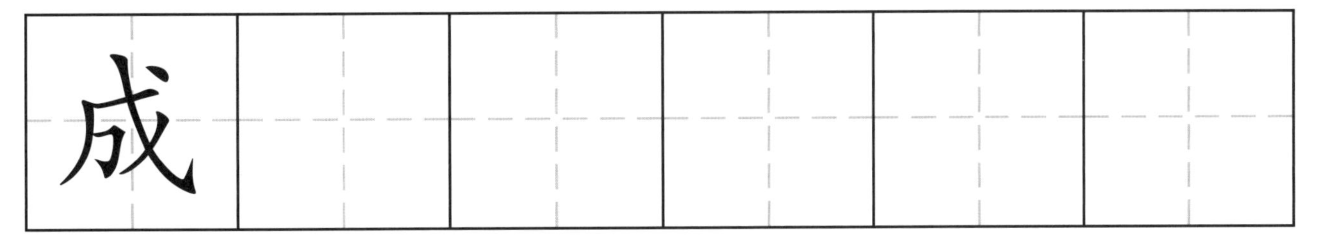

造句練習：

這些果子已經 ____ 熟了。

筆順：丿 二 于 手 我 我 我　七畫

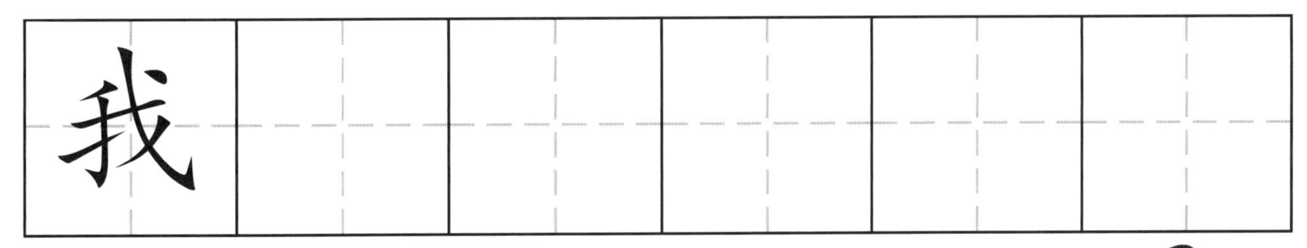

造句練習：

____ 和小芬一起上學。

筆順：丨 卜 卜 广 卢 卢 虍 虍 虐 虐 虚 虚 虚 虚 戲 戲 戲　十七畫

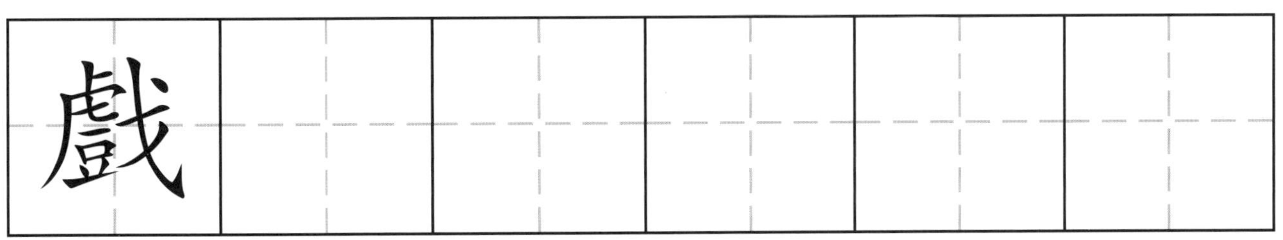

造句練習：

老師和我們一起玩遊 ____ 。

有趣的漢字： 田

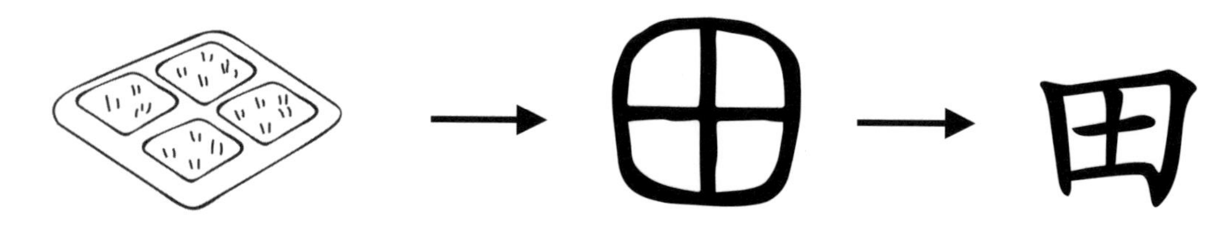

把部首是田的字填上綠色。

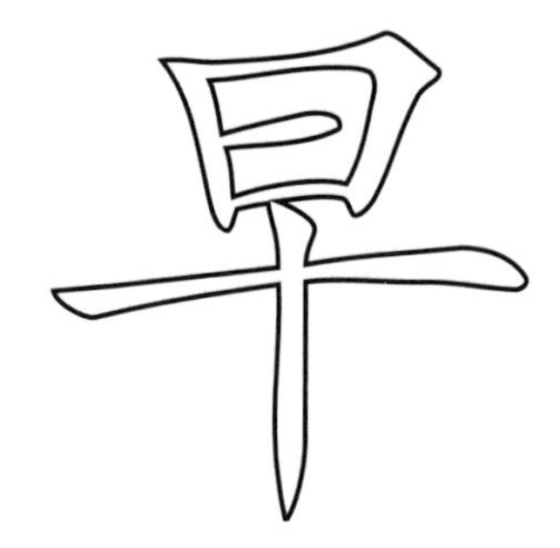

答案：男、留、畜、當

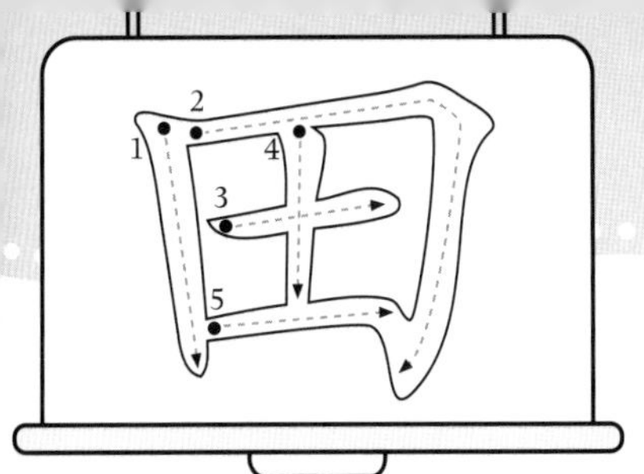

田字部

筆順：丨 冂 日 田 田 男 男　　七畫

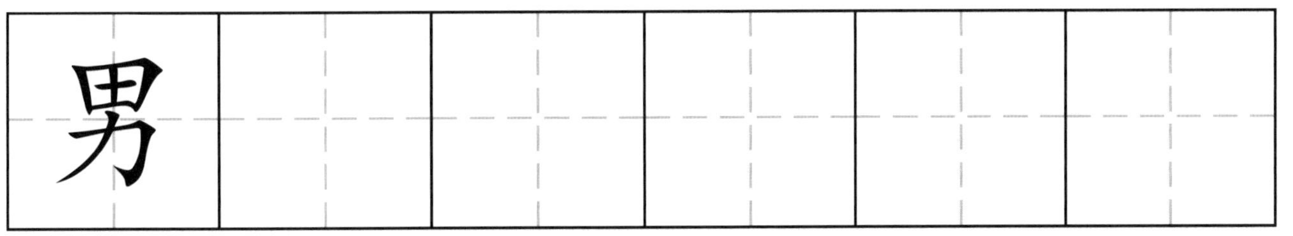

造句練習：

小明是一個 ＿＿＿ 孩子。

筆順：ノ ㄣ 𠂎 ⺈ 𠜎 㽞 㽞 留 留 留　　十畫

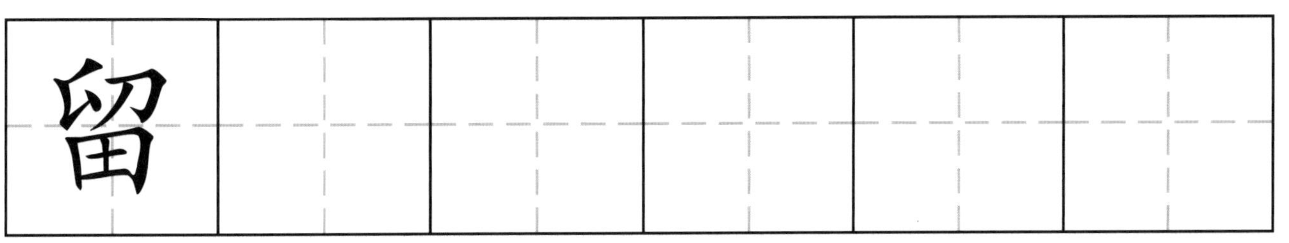

造句練習：

上課時要 ＿＿＿ 心聽課。

筆順：丨 丨 丷 ⺌ 㞢 尚 尚 尚 尚 尚 嘗 嘗 當　　十三畫

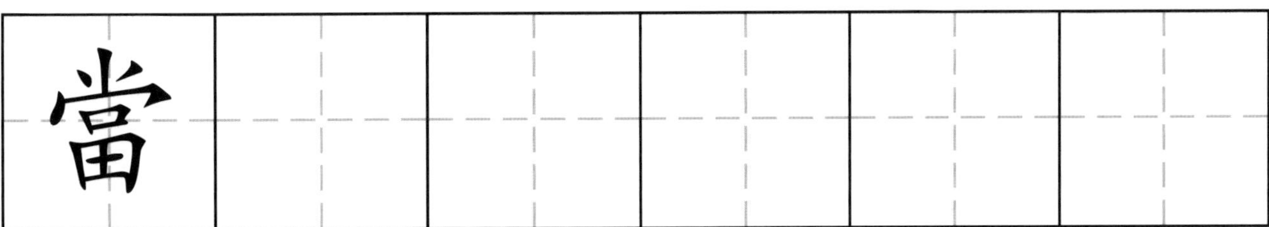

造句練習：

長大後，我要 ＿＿＿ 警察。

有趣的漢字：石

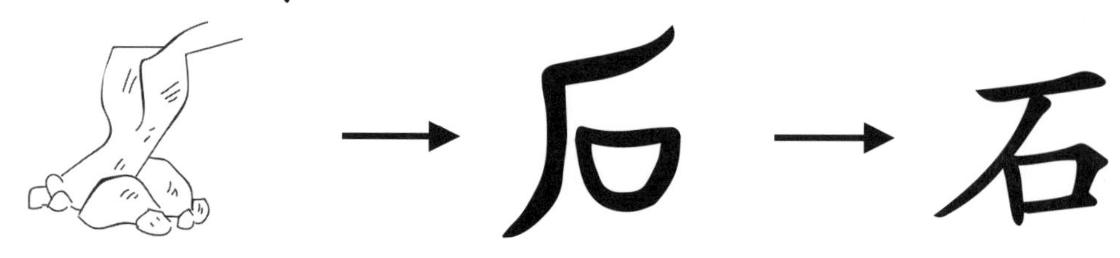

把部首是石的字與中央的(石)連起來。

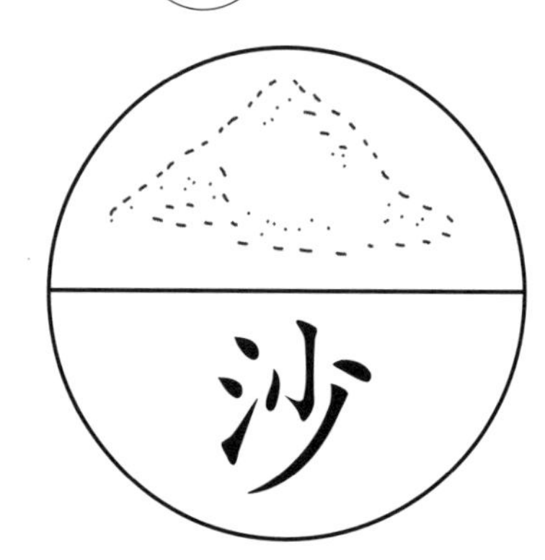

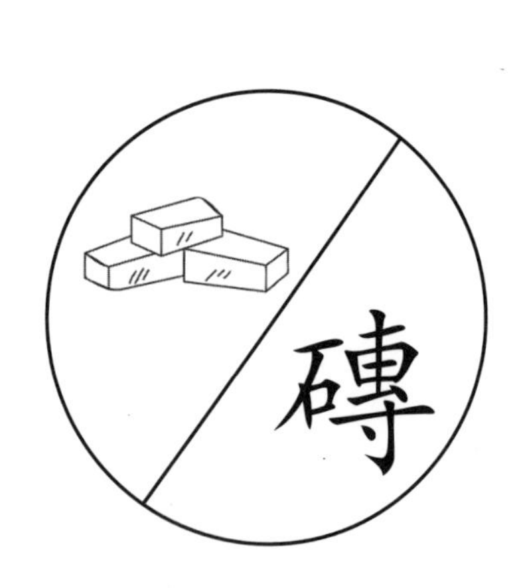

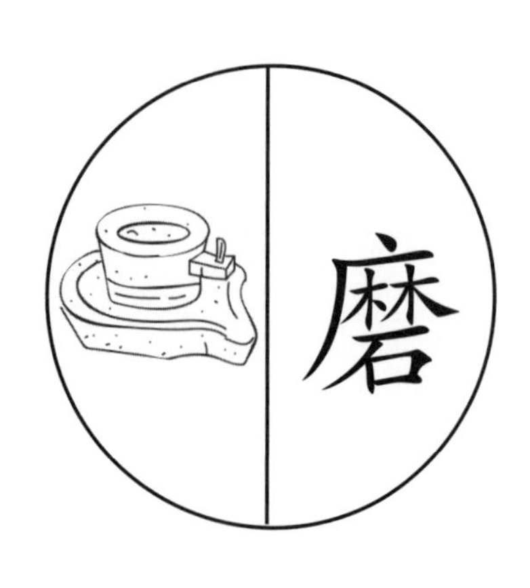

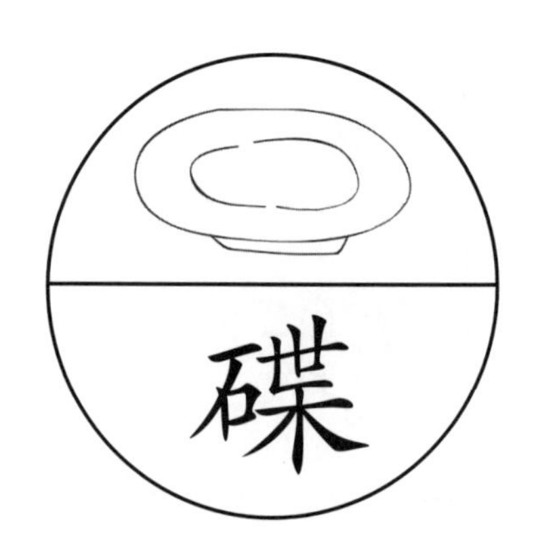

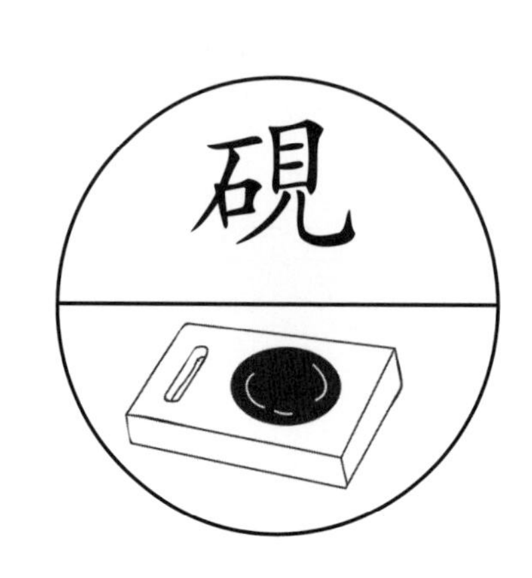

答案：磚、磨、硯、碟、碗

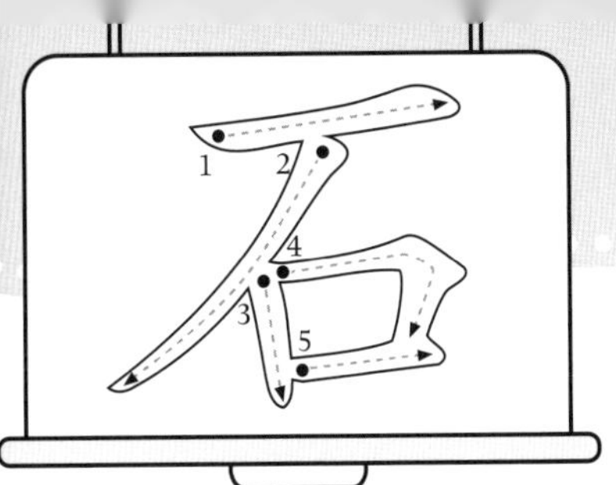

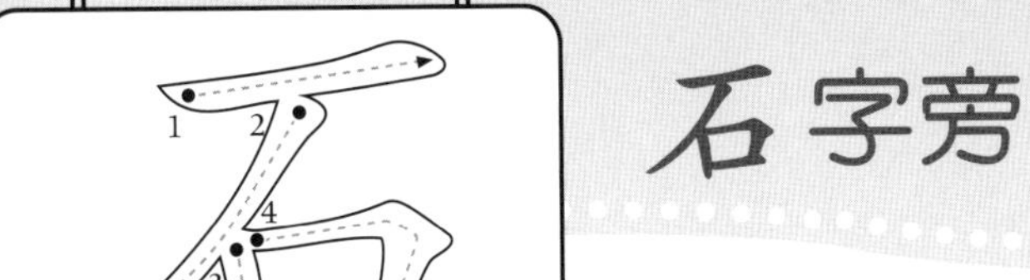

石字旁

筆順：破　十畫

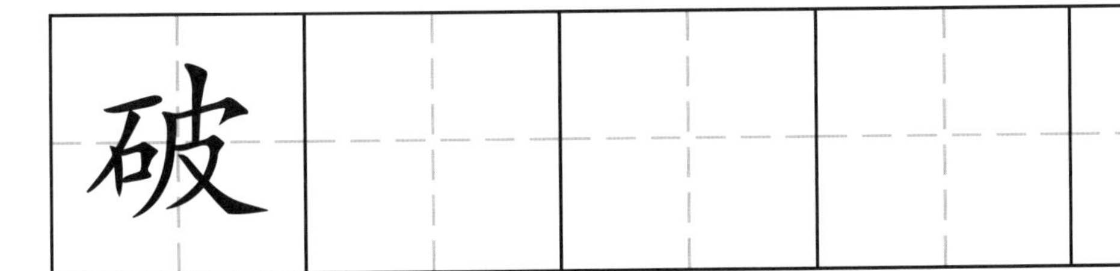

破

造句練習：

我不小心把杯子打 ＿＿＿ 了。

筆順：碗　十三畫

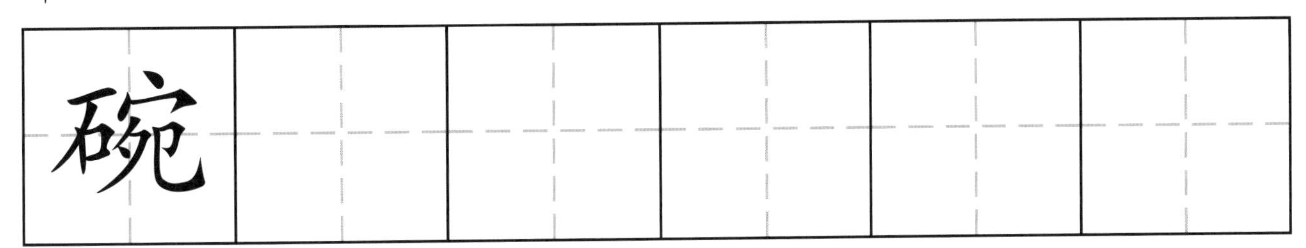

碗

造句練習：

這個飯 ＿＿＿ 的圖案很漂亮。

筆順：碟　十四畫

碟

造句練習：

媽媽把切好的水果盛在 ＿＿＿ 子上。

部首：禾（禾）

有趣的漢字： 禾

「禾」字作偏旁時，一般寫成「禾」。

在適當的位置，寫上部首禾。

1.

插	央

2.

播	重

3.

割	舀

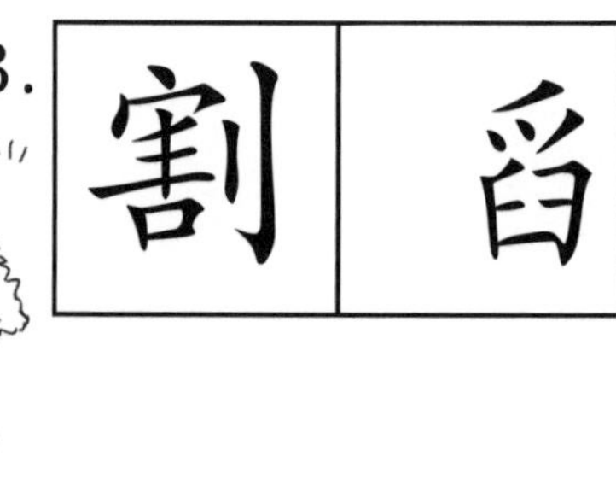

4.

割	㱿

答案：1.秧；2.種；3.稻；4.穀

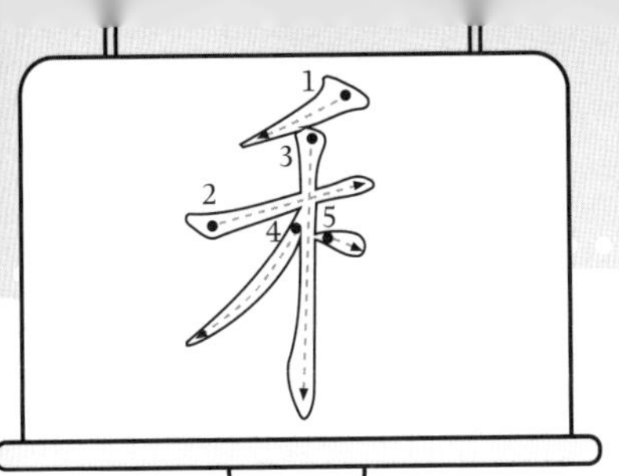

禾字旁

筆順：科　九畫

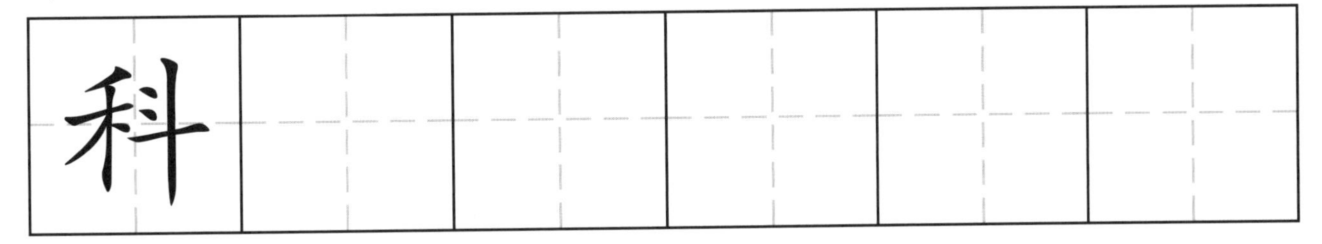

造句練習：

哥哥喜歡閱讀 ____ 學類書籍。

筆順：秋　九畫

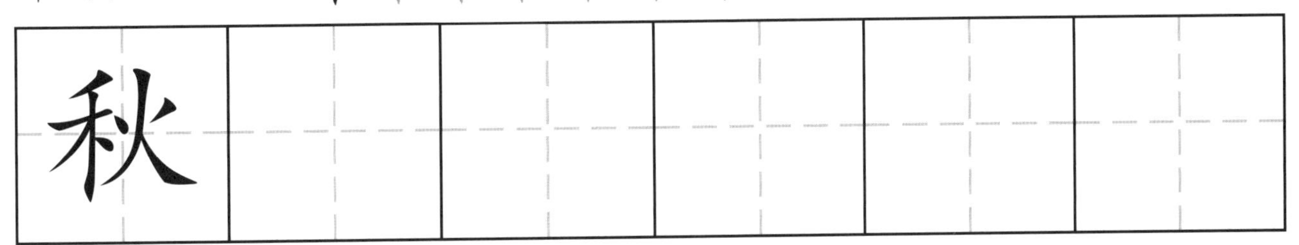

造句練習：

____ 天來了，農夫忙收割。

筆順：種　十四畫

種

造句練習：

妹妹把 ____ 子放進泥土裏。

部首：立

有趣的漢字：立

把部首是立的字圈出來。

答案：童、站、音、端、競

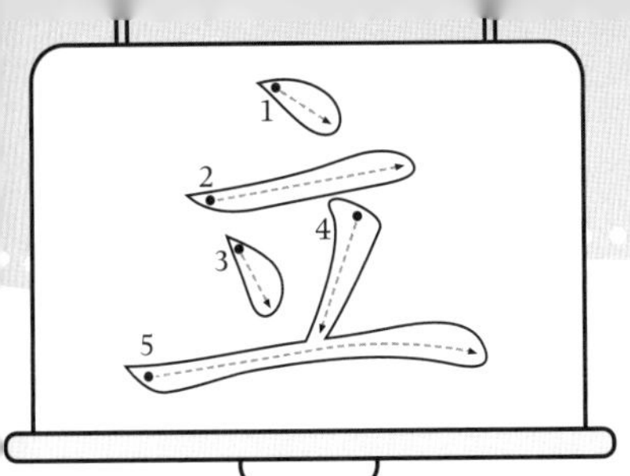

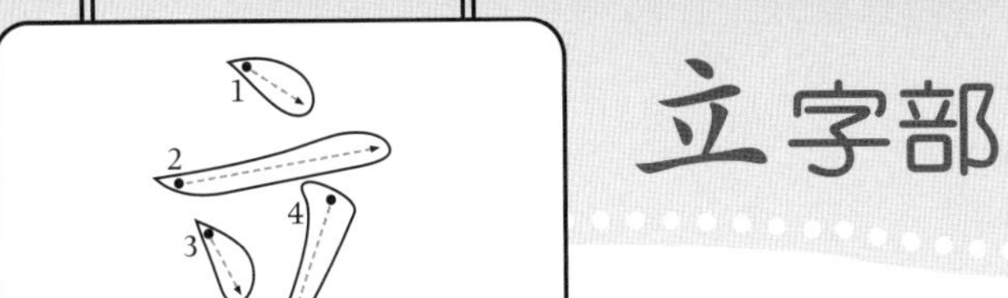

筆順：丶 亠 亠 亠 立 立 站 站 站 站　十畫

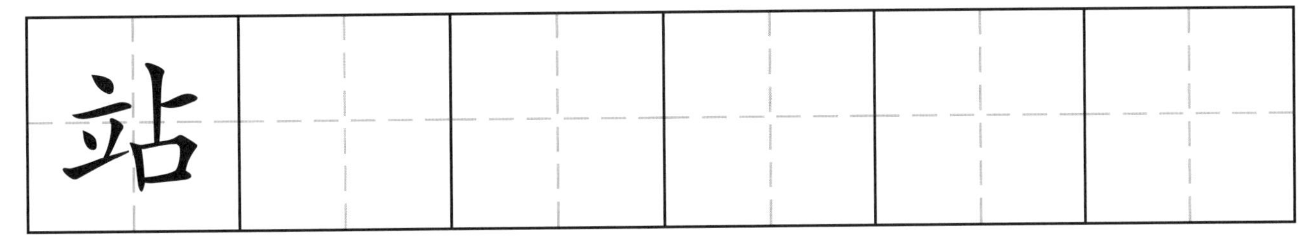

造句練習：

我 ____ 在山頂上看風景。

筆順：丶 亠 亠 亠 立 产 音 音 音 音 童 童　十二畫

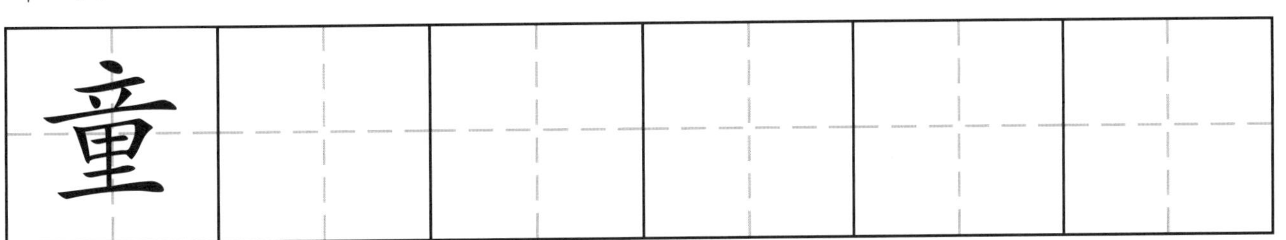

造句練習：

我喜歡讀 ____ 話故事。

筆順：丶 亠 亠 亠 立 立 立 站 站 站 站 端 端 端　十四畫

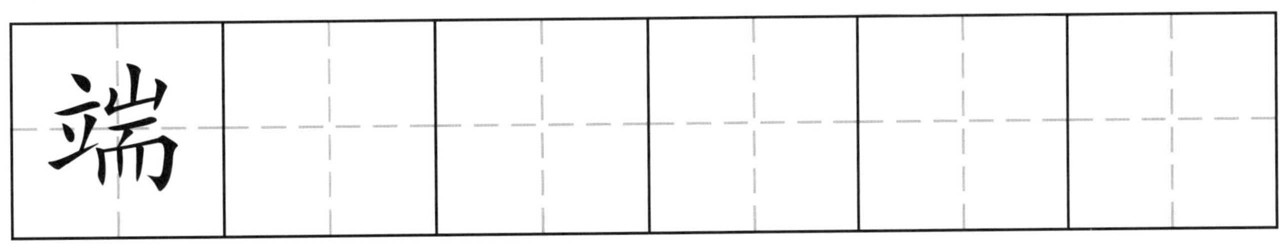

造句練習：

____ 午節，爸媽帶我去看龍舟競賽。

部首：耳

有趣的漢字：**耳**

把部首是**耳**的字圈出來。

1.

鐘聲

2.

聖誕樹

3.

新聞

4.

聽音樂

答案：1.聲；2.聖；3.聞；4.聽

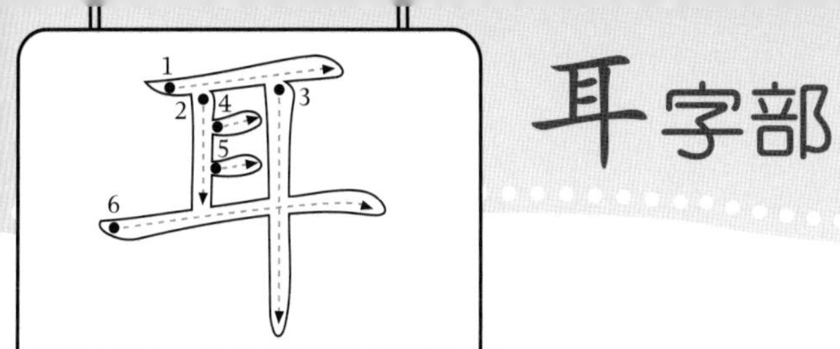

耳字部

筆順：　　　　十四畫

聞

造句練習：

爸爸每晚都收看電視新 _____ 報道。

筆順：　　　　十七畫

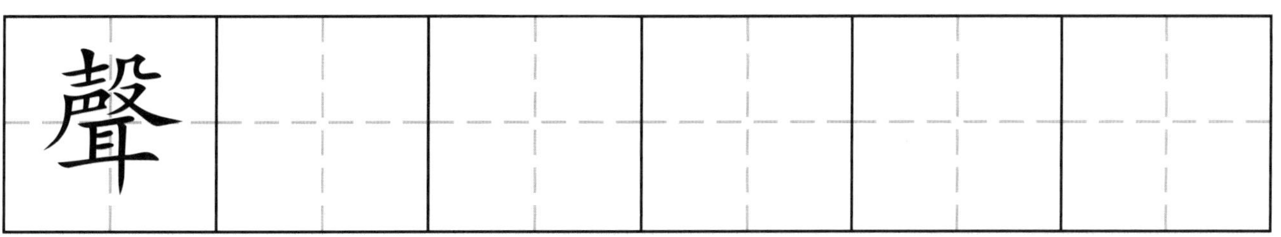

聲

造句練習：

我們用耳朵聽 _____ 音。

筆順：　　　　二十二畫

聽

造句練習：

我喜歡 _____ 音樂。

部首：頁

有趣的漢字：頁

在適當的位置填上部首頁。

1. 小貓坐在屋［丁］上。

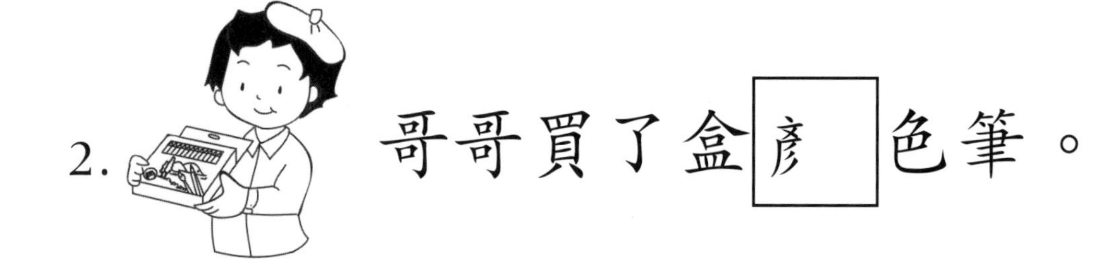

2. 哥哥買了盒［彥］色筆。

3. 弟弟剛剪短了［豆］髮。

4. 姊姊的志［原］是成為一位護士。

答案：1.頂；2.顏；3.頭；4.願

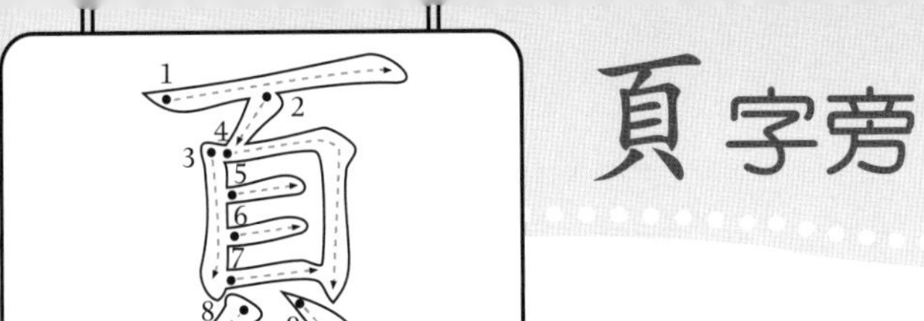

頁字旁

筆順：一 丆 丆 万 百 百 百 頁 頁　　九畫

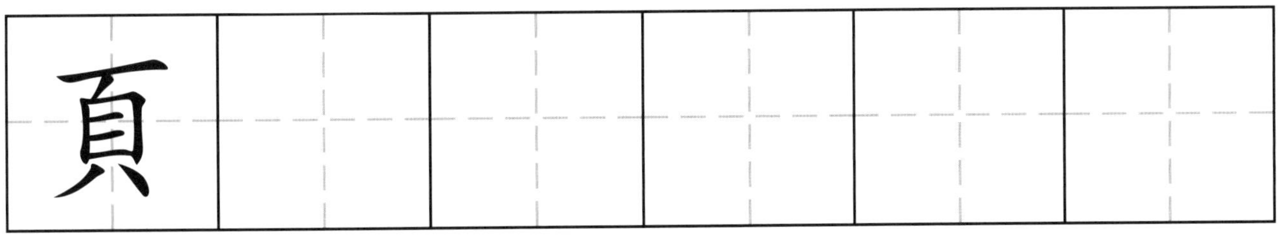

造句練習：

老師請同學們翻開課本第二十 ____ 。

筆順：丿 人 𠆢 今 令 領　　十四畫

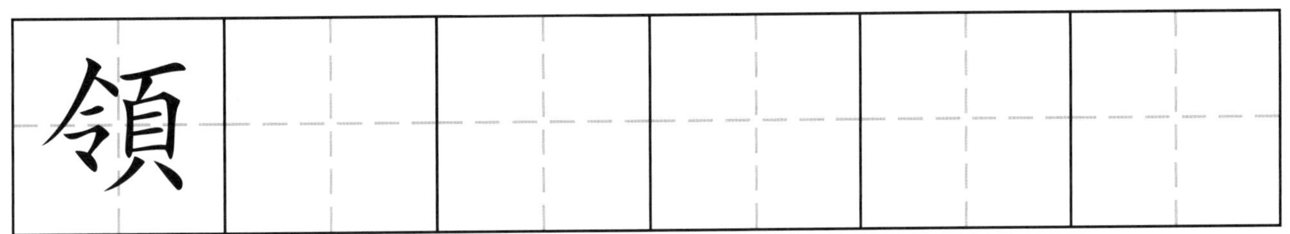

造句練習：

我送了一條 ____ 帶給爸爸作生日禮物。

筆順：一 丆 丙 百 戸 豆 豆 頭　　十六畫

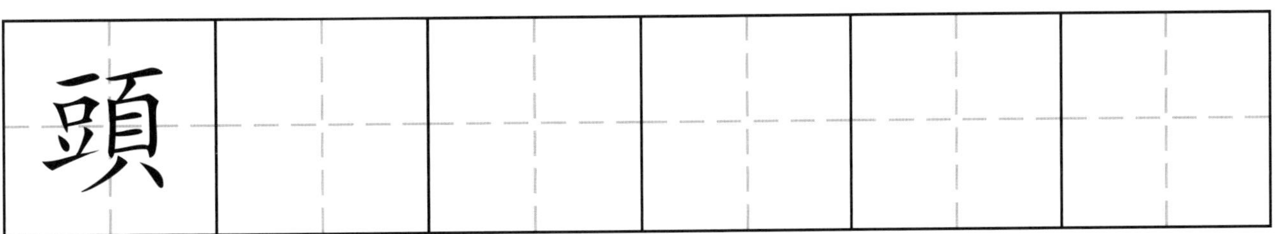

造句練習：

小狗看見主人便搖 ____ 擺尾。

部首：彳　　粵音：戚

有趣的漢字：彳

→ 彳 → 彳

分辨部首——把下列各字連線至所屬的部首。

字	部首	字
1. 往	彳	5. 從
2. 仿		6. 休
3. 後	亻	7. 德
4. 位		8. 住

答案：彳：1、3、5、7；亻：2、4、6、8

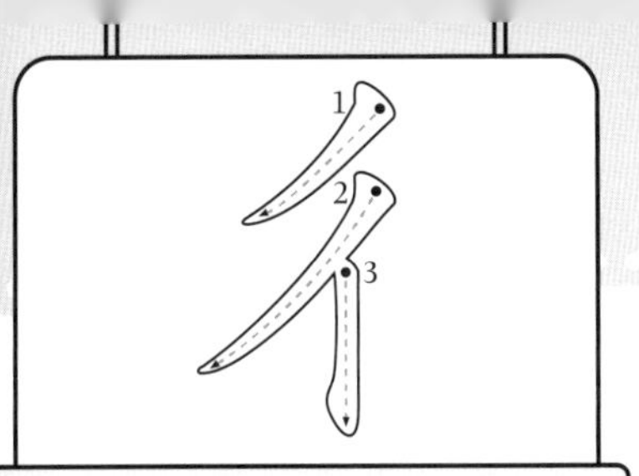

雙人旁

筆順：丿 彳 彳 彳 彳 往 往 往　八畫

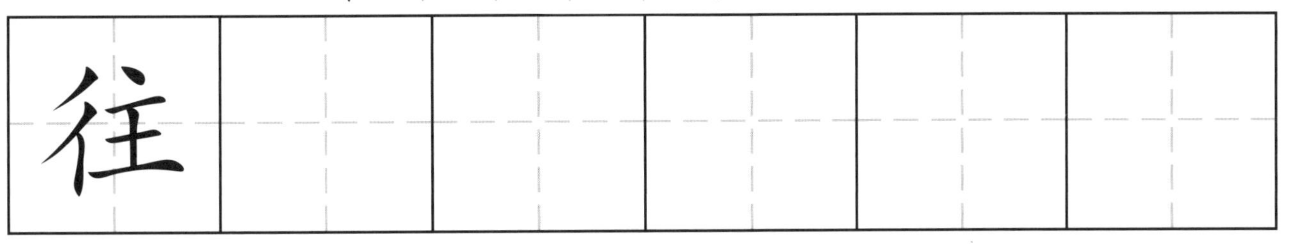

造句練習：

我乘坐渡海小輪前 ____ 中環。

筆順：丿 彳 彳 彳 彳 彳 彳 後 後　九畫

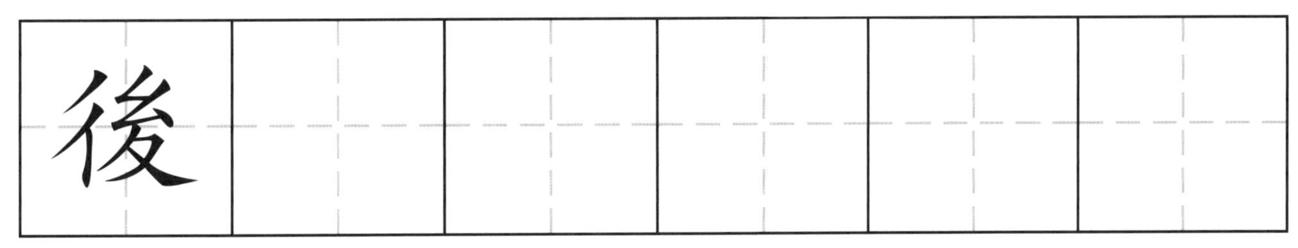

造句練習：

小芬坐在小聰的 ____ 面。

筆順：丿 彳 彳 彳 彳 彳 彳 彳 彳 彳 從　十一畫

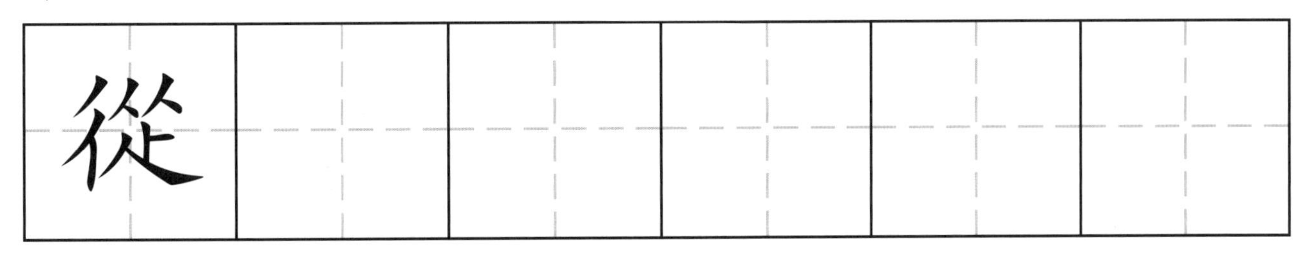

造句練習：

小狗服 ____ 主人的命令。

部首複習一

連線組字。

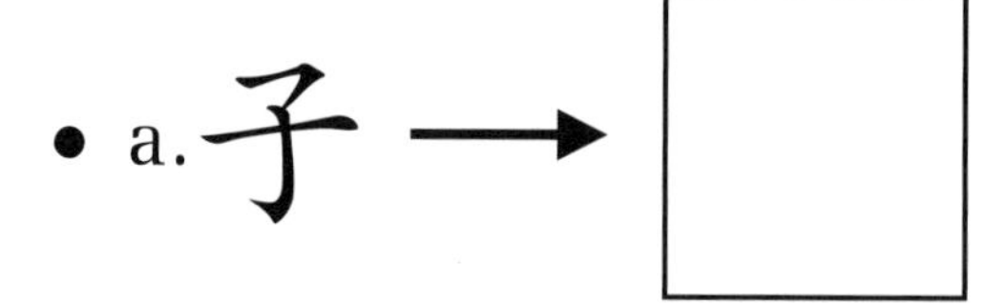

1. 田 •   • a. 子 → □

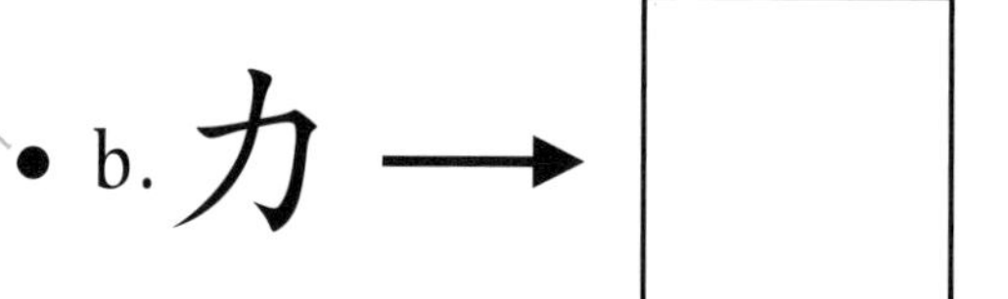

2. 甲 •   • b. 力 → □

3. 宀 •   • c. 鳥 → □

4. 石 •   • d. 火 → □

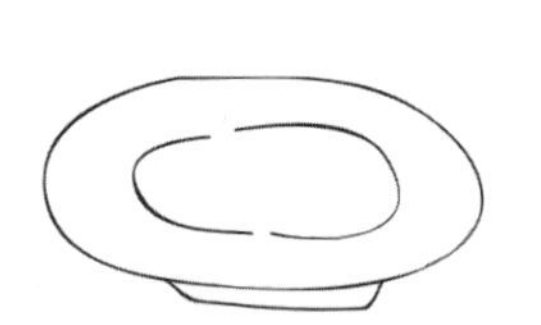

5. 豆 •   • e. 枼 → □

6. 禾 •   • f. 頁 → □

答案：1.b.男；2.c.鴨；3.a.字；4.e.碟；5.f.頭；6.d.秋

連線組字。

1. 魚 •　　　　• a. 占 →

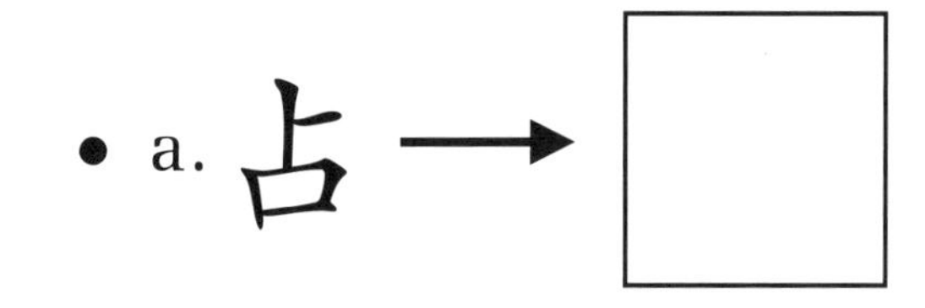

2. 立 •　　　　• b. 反 →

3. 食 •　　　　• c. 京 →

4. 白 •　　　　• d. 寸 →

5. 冫 •　　　　• e. 儿 →

6. 身 •　　　　• f. 令 →

答案：1.c.鯨；2.a.站；3.b.飯；4.e.兒；5.f.冷；6.d.射

• 升級版 •

愉快學寫字 ⑪

寫字和識字：部首、偏旁

策　　劃：嚴吳嬋霞
編　　寫：方楚卿
增　　訂：甄艷慈
繪　　圖：何宙樺
責任編輯：甄艷慈、周詩韵
美術設計：何宙樺
出　　版：新雅文化事業有限公司
香港英皇道 499 號北角工業大廈 18 樓
電話：(852) 2138 7998
傳真：(852) 2597 4003
網址：http://www.sunya.com.hk
電郵：marketing@sunya.com.hk
發　　行：香港聯合書刊物流有限公司
香港荃灣德士古道 220-248 號荃灣工業中心 16 樓
電話：(852) 2150 2100
傳真：(852) 2407 3062
電郵：info@suplogistics.com.hk
印　　刷：中華商務彩色印刷有限公司
香港新界大埔汀麗路 36 號
版　　次：二〇一五年六月初版
二〇二三年五月第九次印刷

ISBN: 978-962-08-6302-8

18/F, North Point Industrial Building, 499 King's Road, Hong Kong
Published in Hong Kong SAR, China
Printed in China